资助项目：

国家自然科学基金青年科学基金项目：基于遗传算法的转化医学中心建筑功能布局原型构建研究（52108024）

江苏高校优势学科建设工程三期项目

江苏高校哲学社会科学研究一般项目：老年社区户外疗愈空间环境美学研究（2021SJA1385）

江苏高校自然科学研究面上项目：转化医学模式下的医疗建筑信息模型建构与设计方法研究（20KJB560028）

江苏省"双创博士"资助项目

转化医学中心建筑
功能要素与关联性

裴立东　张姗姗　赵晓龙　著

中国建筑工业出版社

图书在版编目（CIP）数据

转化医学中心建筑：功能要素与关联性 / 裴立东，张姗姗，赵晓龙著. — 北京：中国建筑工业出版社，2023.3

ISBN 978-7-112-28425-2

Ⅰ.①转… Ⅱ.①裴… ②张… ③赵… Ⅲ.①医院—建筑设计—研究 Ⅳ.①TU246.1

中国国家版本馆CIP数据核字（2023）第036979号

责任编辑：王晓迪
责任校对：王 烨

转化医学中心建筑 功能要素与关联性

裴立东 张姗姗 赵晓龙 著

*

中国建筑工业出版社出版、发行（北京海淀三里河路9号）

各地新华书店、建筑书店经销

北京雅盈中佳图文设计公司制版

北京建筑工业印刷厂印刷

*

开本：787毫米×1092毫米 1/16 印张：12 字数：213千字

2023年3月第一版 2023年3月第一次印刷

定价：**58.00**元

ISBN 978-7-112-28425-2

（40871）

前　言

21世纪以来，人类疾病谱中病类数量迅猛增长，致病机理由单因素致病向多因素致病发展。转化医学（translational medicine）是近年来国际上兴起的一种前沿医学理念，主要着眼于基础医学研究、药物研发、临床试验与治疗等医疗职能间的互动关系；旨在把基础研究获得的知识、成果快速转化为临床上的治疗新方法，应对致病因素复杂的病症治疗，形成"个性化"的治疗模式。

随着转化医学模式兴起，转化医学中心建筑开始启建。我国相继以高等级综合医院、医学院附属医院为依托，建立了一批以转化医学模式为主旨的转化医学中心。高质量的转化医学中心建设，应遵循科学的建筑设计理论。笔者经过对相关文献资料进行分析，发现针对转化医学中心建筑的设计理论较少，现有医疗建筑设计相关理论可以在一定程度上为其提供参考，但鉴于转化医学流程的自身特点，也会存在"理论盲区"。因此，研究转化医学中心建筑功能的要素组成与关联性，对推动转化医学中心高质量建设有现实价值。

笔者基于近十年的研究积累，系统阐述了转化医学中心的基本概念，分析了转化医学中心的发展背景，并梳理了国内外文献中关于转化医学中心建筑设计、转化医学中心承载内容的现行模式，以及与转化医学中心建筑设计相关的研究内容，明确了转化医学中心建筑设计理论研究的现状和趋势，解析了转化医学中心的现存问题与组织特征等方面的状况，并对其承载的转化医学模式进行了分类解读，调研剖析了医学层面的发展诉求。通过从典型转化医学中心建筑设计方案与实例中抽取，以及对代表性转化医学模式的推演，得出转化医学中心建筑功能要素集合，并基于调研数据与灰色关联分析模型量化了功能要素之间的衔接关系与紧密度，构建了转化医学中心建筑功能体系的简单模式、复合模式与全面模式，以期为相关项目的设计实践提供有益参考。

　　研究团队的全体成员都以极大的热忱参与了本书的讨论、调研和编写，在此向参与本书编写工作的所有成员表示感谢！同时衷心感谢编写过程中给予帮助和关怀的领导、前辈和同行！感谢中国建筑出版传媒有限公司的领导和编辑对本书出版所付出的辛劳！本书虽经反复斟酌和推敲，但错漏之处仍在所难免，敬请广大读者不吝批评指正。

目　录

第一章 概论

1.1 转化医学中心概念界定

转化医学中心是应当前兴起的转化医学模式产生的，目前还没有比较系统完整的定义阐述，各国都处于探索阶段。通过分析国内外命名为转化医学中心的机构归纳出以下三种模式：

第一种，跨现有单位的院（医院）所（研究所）结合，实际上相当于一个医疗组织，这在美国兴起转化医学研究的初期是常用模式，也是迎合转化医学模式的最简易的模式。该模式理论上满足了转化研究与治疗的职能需求，但现有职能机构的联合，并不能真正实现时间和空间的紧密结合，转化过程的便捷性无法保证。

第二种，现有的医院或科研机构依托自身原有平台，凭借自身的优势科室或主攻研究方向，直接成立转化医学中心，而在建筑载体的适应性上没有做出相应的更新和调整，基本上属于挂牌式建设。这种模式由于建筑载体功能单一，不能满足转化研究与治疗所要求的多单位多部门的配合与衔接，对转化医学的发展没有实质性的推进。

第三种，依托医院或医学研究单位等扩建或组建功能相对完善的，空间上联系便利的转化医学中心建筑或建筑群，或者在具备客观条件的情况下，直接建立全新的转化研究与治疗的建筑载体。近几年，这种模式随着转化医学发展的深入，在美国越来越多，我国近两年启动建设的转化医学研究机构也在向该模式发展。该模式完全在同一建筑载体中提供转化医学模式所需的功能空间，并通过流线组织的设计来优化研究与治疗流程，是转化医学发展和转化医学中心演进的一个较为完善合理的模式。参考近年建设现状，这种转化医学中心的项目建设基本是以依托各大医学院校为主。以美国为主的国外转化医学中心，尤其是美国国立卫生研究院（the U.S. National Insititutes of Health，简称NIH）统筹下的建设项目，接近80%依托了医学院校，如宾夕法尼亚大学转化医学中心、弗兰德里奇转化医学中心（隶属斯坦福大学）等；在国内，近年启建的四川大学华西医院转化医学楼，也是依托了四川大学医学院的科研教育职能和华西医院的临床治疗及护理职能。可见，转化医学中心承载着医学领域的前沿内容，研教工作与临床治疗有密切的沟通，从而使医学院校及其附属医院成为转化医学发展的主力机构。

综上，转化医学中心的三种模式中，第一种本身就趋向于组织机构的概念，且该模式对转化医学的适应并不彻底；第二种虽属建筑范畴，但其并非迎合转化医学模式的针对性建筑，实为被动接纳新型医学模式的现有建筑类型，因此以上两种模式不在本研究范围内；第三种是真正的从建筑载体适应新型医学模式的理念萌芽产生的针对性医疗建筑分支类型，同时该模式代表着转化医学中心的发展方向。本书主要是从建筑学视角来研究转化医学中心，并对其建筑功能要素以及要素关系进行分析论证，故后文的论述对象将限定在第三种模式，即具备临床试验治疗、基础医学实验、教学培训、制剂研发等职能中全部或多数项的建筑载体类型。

此外，在此对后文出现的"转化医学中心"一词作以下说明：转化医学中心词义本身具有"双重性"，一种可理解为组织转化医学模式运行的医疗机构，如同"医院""政府""学校"等；另一种则是承载转化医学模式的建筑载体，即如同"医院建筑""政府办公楼""教学楼"等，这两层意义是相互对应的。鉴于本书阐述内容为建筑功能模式，所以后文提及转化医学中心功能问题时，考虑到学科的语言习惯与表达的简洁性，除对特殊容易产生歧义的语境作详细解释外，文中出现的"转化医学中心"一词一般指转化医学中心建筑。

1.2 转化医学中心发展背景

医疗建筑的发展变革，在经历了神学主导、自然科学主导的漫长过程之后，已进入以医学研究与医学模式为驱动力的时代。当今社会，在现代生活多元因素的影响下，致病因素的多样性对现有医学模式提出了重大挑战，因此，强调基础研究与临床治疗相结合、针对患者进行个性化治疗的转化医学模式应运而生。新的医学模式形成之际，医疗建筑显现出作为载体的滞后性，现有的医疗建筑类型无法有效地为医疗活动提供最有效的空间场所。为了迎合转化医学模式的需求，推进转化医学模式的发展，2003年美国国立卫生研究院启动了转化医学推进工作，计划5年内组织建设60家转化医学中心。其后的十多年间，在包括美国、中国、澳大利亚、欧盟国家在内的多个国家和地区，转化医学中心如雨后春笋般争相建立。而一种新型的医疗建筑类型应遵循何种设计思路，又成为新型医疗建筑落实的障碍。因此，转化医学中心建筑设计理论的研究成为解答这一系列问题的关键，是推进医学继续发展的重要一环。

1.2.1 社会需求与转化医学兴起

自20世纪末，人类生活环境在现代社会条件的影响下发生了巨大变化，从而也导致了疾病谱中病类数量迅猛增长，这给人类健康带来了非常大的影响，其中包括了多种类型的传染病征、慢性病征，以及多致病因素所诱导的重症疾病。尤其是近十年来，肿瘤、心血管疾病和代谢疾病已经成为对人类健康的主要威胁[1]，这类疾病依靠传统的单科室医疗方法已经不能得到有效的控制。通过多学科交叉、多职能融合以及多环节协作的方式，才能全面、多维度地解决多致病因素病症的治疗问题。传统医学基础研究根植于自然科学实验，并以专业的科研院所为平台；临床医疗则以各类医院为依托，流程化开展诊治工作，二者在互动与衔接上严重受到时空限制，这种现象被医学界称为横亘在医学基础研究与临床治疗之间的"死亡之谷"[2]。可见，没有临床信息即时反馈的基础医学研究很难有高效进展，只有以患者需求为导向，强调基础研究与临床治疗紧密结合的转化医学，才是让医学走出"死亡之谷"的最佳途径。对此，医学领域已经达成共识，即病谱增量中的带有多致病因素属性的疾病，往往是影响人类健康的重危害疾病，这是现代复杂生活环境作用下的病症趋势，此类疾病靠传统单因素研究治疗手段已经无法有效预防、治疗、评估，不经由多层级、大范围的临床试验与取证，达不到从根源消除病因的目的。因此，将基础医学研究与临床的试验治疗紧密结合，或是当下及未来解决该问题的主导思想[1]。

转化医学（Translational Medicine）是近年国际上兴起的一种前沿医学理念，该理念的雏形最早可追溯到20世纪六七十年代，当时医学界学者G. R.麦金尼（G. R. Mckinney）首次提出了"从实验台到病床"（from bench to bedside，简称B to B）的医学研究思想[3]，但鉴于当时人类疾病谱的特征，多致病因素的疾病尚未大规模暴发，同时以"生理—心理—社会"为核心的医学模式尚在发展的鼎盛时期，导致该理念并未引起广泛的重视，而直到近十年左右才被发觉其重要性。转化医学最为根本的着眼点即是基础医学研究、药物研发与临床治疗等医疗职能之间的关系，转化医学力图打破其间的阻碍，保证研究、临床试验、临床应用，甚至教育培训、知识传播、成果普及等一系列医疗活动能够衔接贯通，从而使医学研究的新发现能够迅速转化为推进医疗健康事业发展和服务于社会的成果[6]。从人员的参与状况来看，转化医学一改传统的医学研究人员单方介入的模式，强调医学研究人员与受试志愿者应建立更加紧密直接的关系，以寻求研究成果的高效性和正确性，此环节包括了多层级的临床试验、效果反馈以及不同规模的人员测试等，多步骤、紧密联系并确保安全性的循环验证是新药物或新疗法高效普及的有效途径[6]。再从转化医学所要解决的核心问题来看，它是要打破基础研究与临床实践之间的鸿沟，将与其相关的职能进行时空融合，以在疾病谱复杂化与致病因素多元化的情况下，实现对患者的个性化诊疗。

转化医学模式的兴起，是社会与医疗科技发展的必然趋势，也是医学模式变迁的认识转归[41]。而同时，医学模式的革新必然带来医疗行为活动的改变，这就对其载体——医疗建筑提出了新的要求，因此，迎合转化医学模式的医疗建筑平台，开始在世界多个地区和国家得到探索与实践。

1.2.2　政府导向与建筑平台启建

2003年，美国国立卫生研究院的院长埃利亚斯·泽古尼（Elias Zerhouni）发表文章阐述转化医学的内涵与意义，标志着转化医学时代来临[7]，随即多种类型的转化医学平台也开始启建。以美国为代表的国外转化医学中心建设，很多都是在政府的统筹与支持之下进行的。如美国为了推进转化医学的发展，由政府主导启动临床转化科学基金会（Clinical and Translational Science Award，简称 CTSA）项目，目的在于集合国家优势医疗科研和临床力量，形成互相联通的、国家层面的转化医学网络平台，同时以资金支持各个机构建设转化医学中心单体，在形成自身转化医学闭环模式的同时，也与其他转化医学研究机构相互促进；NIH制定的转化医学发展路线图，着眼于区域相关医疗机构的自身优势，提出用5年时间建设60家顶级转化医学中心的战略目标，并设立转化医学基金会，全面服务于转化医学推进工作[7]。在英国，国家医学研究理事会（Medical Research Council，简称MRC）于2007年开始投入1500万英镑，同时政府直接成立健康研究协调办公室，将90%以上的资金用于转化医学项目，主导了英国皇家转化医学中心的建设，并在全国范围开展转化医学平台及基础设施的布局[2]。在法国，由政府牵头并联合各类基金会以及医药企业提供资金支持，积极推进覆盖全国的转化医学研究网络，并选取试点建设转化医学中心载体[2]。在澳大利亚，国家健康与医学研究理事会针对转化医学的发展趋势，成立下属的转化医学与健康委员会，加强转化研究战略咨询工作，并协同各级地方政府，共同参与转化医学中心建筑载体的建设[2]。

转化医学的初期发展和转化医学中心建筑载体的建设，大都是在政府的主导下，联合社会多领域力量开展的，政策支持和资金支持对其推进必不可少，这也是转化医学中心启建的基础条件。在国内，政府也出台了一系列相关政策和指导纲要来促进转化医学中心的建设。《中共中央关于制定国民经济和社会发展第十二个五年规划的建议》（"十二五"规划）重点强调当代医学的发展要着眼于转化医学，加强相关领域的互助协作，提供相应的平台支撑，从而快速提升社会医疗与健康状况[9]。卫生部、科技部、自然科学基金委员会制定政策制度，为转化医学项目课题提供资金支持，对转化医学研究及其设施建设都起到了重要的推动作用[9]。"十三五"规划中，针对转化医疗的发展问题，进一步倡导精准医学理念，这是脱胎于转化医学的、病症针对性更强的转化医学分支，同时鼓励相关医疗机构根据自身优势和条件建立转化医学中心及精准医疗中心。

在政府的大力倡导和支持之下，医学院校、医疗临床机构、医学科研机构、制剂企业等相关职能部门都开始关注转化医学，其中医学院校及其附属医院则成为转化医学平台主要的孵化点[10]。现阶段来讲，转化医学平台目前最典型、适应性最强、最具发展前景的单体建筑模式即是转化医学中心。随着转化医学理念在全球传播，很多国家都开始了转化医学中心的建设，如美国、中国、澳大利亚、新加坡等，其中，美国的转化医学中心相对来说比较全面完善。

美国NIH自2005年提出加快21世纪医学基础研究成果转化路线图起，就开始投入数十亿资金作为临床与转化科学专项基金，并以全国范围内的知名医学院校、临床机构为基础，扶持建设世界顶级转化医学中心，如哈佛大学转化医学中心、宾夕法尼亚大学转化医学中心、杜克大学转化医学中心等。截至目前，这些转化医学中心都已建成并不断改进。与此同时，各地自发建设的转化医学中心的数量也在迅猛增长。我国的转化医学中心建设主要由医学院校及其附属医院牵头成立[11]，复旦大学生物医学院于2008年成立的"出生缺陷研究中心"，依托其附属医院建立，针对新生儿的健康问题，形成了医学研究与临床治疗紧密衔接的医疗模式，该中心可以看作我国转化医学中心的雏形[11]；次年，中南大学湘雅医院成立转化医学中心，该中心致力于多病症的转化医学研究与治疗；随后，北京协和医院转化医学中心、中山大学肿瘤转化医学中心等相继成立，国内多所医学院校、医学科研机构、医疗临床机构都积极参与到转化医学中心的建设中。

政策的推动也属"双刃剑"，一方面，能够引导社会相关组织机构，集中优势资源推进转化医学发展；另一方面，由于转化医学中心建筑设计理论尚无标准参考，短期内的迅猛发展导致了建设的盲目性和无序性。如没有考虑转化医学模式对于空间载体的内在需求，以挂牌形式建立转化医学中心；或如在原有的临床医疗机构中，机械地加入小部分基础实验功能组团，表面上具备了转化医学中心临床试验治疗和基础研究的核心职能，但却没有考虑职能间的衔接关系，也没有考虑转化医疗总体流程当中的其他环节。因此，转化医学中心建筑到底应遵循何种组织理念和设计标准，是建筑学领域所要面临的一个问题。对转化医学中心建筑设计理论的研究，成为解决问题的关键。

1.3 转化医学中心相关研究

1.3.1 转化医学中心研究

对转化医学中心的建设追根溯源，会发现它受到了转化医学模式的驱动。转化医学中心建筑作为转化医学模式的载体，其设计理论滞后于其承载的内容。转化医学模式经过多年的发展逐渐成熟，转化医学中心建筑才在美国NIH的统筹与推动下开始了建设历程。而建筑设计理论的研究则是针对实践中存在的问题而进行，限于发展时间较短，国外在此领域的专门性研究十分有限；国内转化医学与转化医学中心相关内容的引入与发展晚于以美国为主的西方国家，故在转化医学中心建筑理论研究方面，也存在着匮乏的问题。

（1）国外

转化医学中心最初由NIH推动，并直接投入建设，所以美国对转化医学中心建筑设计的探索是从实际项目着手的，根据转化医学的流程需求，或依托原有的相关医疗结构进行扩建完善，或权衡转化医学中心的规模定位，进行全新的建设。这些实践对建筑设计经验的提取都起到了重要作用。在设计理论方面，由于转化医学中心发展时间较短，相关研究不甚充分，主要是从转化医学中心建筑设计的角度，论述了功能、空间以及流线等建筑本体问题。

M.瓦德曼（M. Wadman）全面研究并论述了哈佛大学转化医学中心的五大功能区块，即临床诊疗体系、转化实验技术中心、信息处理与共享中心、转化研究培训中心以及资助单位办公体系五大部分[16]。每个部分都详细设定了具体的功能空间组成模式，如转化研究实验技术中心又细分为动物基因操作技术中心、药物筛选技术中心、分子分型技术中心、分子影像技术中心以及转化研究相关新技术发展中心等多个功能单元[17]，使转化研究与实验具备了优质的空间载体；临床诊疗体系中除了常规的医院功能外，还加入了病例资源招募中心，使转化研究与治疗的各个环节都有具备相应的承载空间。该研究在功能的细化和落实方面，为转化医学中心建筑设计研究的深入，提供了明确的思路。

K. J.皮恩塔（K. J. Pienta）等人主要探讨了转化医学中心志愿者招募和人才教育培训职能在建筑载体中的重要性，以及其与核心医疗空间的衔接关系。指出以研究实验、观察性研究为主的病症类型，在转化治疗中尤其要关注志愿者的空间感受，功能空间的设计应有适人性考虑[18]。同时，要推动转化医学模式获得持续性发展，必须依靠专业化和多元化的科研队伍，因此在转化医学中心的功能组成当中，必须有科研培训功能空间介入，同时，为了保证教学理论与医疗实践紧密结合，应重新规划流线层级，使临床研究试验与基础医学实验空间都能够最大限度地配合医学教育与培训环节的活动，实现医疗区与培训区的空间贯通[18]。

D.艾伦（D. Allen）等人提出转化医学中心的建设应遵循转化医学"从实验台到病床"的基础理念，将分散工作的医学基础研究人员和临床诊疗人员聚合到一处，以提高临床医生和研究人员共同发现问题、解决问题的效率[19]。从功能设置来看，保证具备临床研究区、实验办公区和教育培训区三个主体区域。用于基础研究的实验空间和对少数受试患者进行临床观察的空间紧密衔接；研究成果可以直接在教育中心进行交流和小范围推广。同时提出这种模式是将转化研究与治疗流程极度简化，但又保留了核心环节，对于转化医学中心起步建设有着很好的借鉴意义。但是就长远发展来看，多职能空间的极度压缩会对转化医学研究的拓展与细化产生一定的阻碍，同时也不利于开展广泛的转化医学治疗活动。

（2）国内

国内转化医学中心的数量不少，但早期的转化医学中心挂牌式较多。近期建立的转化医学中心建筑模式有所改变，主要是在迎合转化医学模式部分要求的前提下，深化了美国的若干设计思想。

白晓霞基于对美国佛罗里达转化医学中心的分析，探究了代谢类疾病转化研究与治疗的空间需求，详述了实验研究系统、临床医疗研究系统和后勤保障系统的功能组成单元以及具体的设计方法[21]。这是国内对专科型转化医学中心建筑设计的首次研究，真正从建筑本体要素开始探索功能、空间以及流线对转化医学模式的迎合，而且以美国的案例为研究对象，基本能够代表当前转化医学中心的先进水平。但由于案例单一，无法对比参考功能空间的适宜程度；同时限于此为对单一疾病转化流程的研究，使得研究成果在具体空间细化方面，无法普适其他病类的专科转化医学中心设计，也不能在功能框架方面指导多病类综合的转化医学中心设计。

张远平等着眼于转化医学模式所带来的医疗建筑变革。选取了转化医学流程中的一个重点环节，即转化实验阶段的工艺流程，并依托实际项目的前期建筑策划，经过对实际问题的一系列论证得出了转化实验楼建筑设计的初期构想[22]。

丁文彬等学者阐述了转化医学中心建设的总体目标、具体目标及其建设思路。严格来讲，该研究的核心并不是建筑设计理论，但其在总体建设思路中提到了转化研究平台的建设和案例实施方案；在具体目标中强调了现代化临床样本库和信息中心的重要性[23]，这些都为转化医学中心提供了有效的设计方向和设计思路，具有重要的参考价值。

总之，国内转化医学中心建筑设计无论是在实践成果方面，还是在理论研究成果方面，都处于初级阶段。现有的部分成果对进一步的研究具有一定参考性，但更大的空白还需大量的研究来完善。这也再次表明了转化医学中心建筑设计理论研究的必要性和迫切性。

1.3.2 转化医学模式研究

（1）国外

转化医学的出现首先会推动医学领域对其组织运营模式等方面的研究，国外相关方面的研究以美国最为迅速，在NIH的全面号召下，各大医学院校、科研机构、医疗团体都在深入挖掘转化医学的发展模式，包括人员组成与人员结构、运营机制与平台搭建，以及转化研究与治疗的环节与流程，并将此应用到转化医学中心的建设当中。

2003年，美国学者南希·S.宋（Nancy S. Sung）带领的团队经实践研究，提出了著名的T1&T2（Translation 1&Translation 2）转化医学模型。T1阶段主要涉及将基础医学实验所获取的新发现、新成果投入到临床环节，倾向于从实验台到病床的联系；T2阶段则扩展为对广泛人群的转化试验，将经过上个阶段验证的治疗方法推行到常规的诊疗护理中，并通过观察考证，向基础实验阶段反馈治疗信息，实为扩展到实验区与护理区的双向信息传递。该模型涉及基础研究、临床应用与受众人群三个方面，是最直接的转化研究与治疗模式，对转化医学中心基础功能框架的建立提出了基本的要求[24]。

2006年，NIH基于之前推建的转化医学中心，提出建立转化医学的CTSA协作模式。该模式意在促进实验室研究向临床治疗机构有效转化，并提高临床研究的效率，核心内容之一便是支持建立科研基地，进而改善临床试验设计方案、增加项目基金支持、招募受试患者、完善规范制度、加强生物统计学支撑、合理分配临床资源、引入临床研究伦理等[25]。CTSA协作模式的着眼点涉及的范围非常广泛，提出了很多转化医学背后的并且与之息息相关的内容，很多关于人文、社会、信息、法规层面的要素被提升到转化研究与治疗的过程中来，这将对建筑载体的功能结构与空间特征产生明显的影响。

2007年，J. M.韦斯特福尔（J. M. Westfall）带领其团队经过多年实践，对转化医学的T1、T2模型进行了拓展，提出了转化医学的3T模型。该模型提出，转化医学由于其治疗过程与以往不同，会涉及试验操作的加入，一旦这种治疗模式普及，摆在首位的即是安全保障问题。在进行人类试验之前，T1环节应该为基础研究临床前的动物实验与人类临床试验的过渡阶段。同时韦斯特福尔将初期的人类临床试验归为"Ⅰ阶段临床试验"，将后期临床试验与效果反馈的往复验证过程称为"Ⅱ阶段临床试验"，这就更加明确了转化医学模式的动态过程[26]。该模式对整个实验研究区的层级划分以及关联体系都提出了严格的要求，在转化医学中心进一步细化、完善的设计过程中，具有重要参考价值。

同年，M. J.库利（M. J. Khoury）转化医学研究团队在韦斯特福尔的3T模式上增加了T4环节，开始关注治疗后的常规护理与健康评价，这可以理解为转化医学中心与当代医院建筑的联合问题，以及对其自身康复验证与资讯空间的需求[27]。

2008年，D.多尔蒂（D. Dougherty）等人也提出了转化医学3T模型。但多尔蒂的 3T模型的着眼点在于改进对早期模式中T1与T2节点的处理，将临床研究细化成临床疗效和临床效果，这细微的差别转化形成了自身的T2环节，旨在强调如何在正确的时间和正确的地点将正确的治疗应用于受试患者[28]，这实际上是关注了患者在受试治疗过程中各环节的信息反馈，对其所处的护理空间提出了新的要求。

同年，G. T.克罗蒂里斯（G. T. Krontiris）团队从转化医学流程组织运营的角度开展了研究，挖掘转化研究与治疗各个环节所需要的主导者、服务者、赞助者、管理者等，构建出转化医学模式下的人员组织模式[29]。克罗蒂里斯的人员组织模型，可以映射出建筑空间中职能部门的构成，所以转化医学中心总体功能区域的设置可以由此来进行推导。值得一提的是，有异于纯医学模式的研究，该模型提出了管理者与投资者两项辅助要素。

2011年，B. C.德罗莱（B. C. Drolet）和N. M.洛伦齐（N. M. Lorenzi）提出了医学研究转化流程的具体模式，指出转化医学得以推进的关键是解决三个转化断层（translation chasm）：基础研究与临床应用的联系断层、转化过程的效率与安全断层以及成果广泛推广的路径断层[30]。上述三个断层的存在直接导致了转化医学研究成果在试验、应用、推广等环节面临严重阻碍，这种阻碍在一定程度上涉及了建筑空间载体的时空限制，所以以此为着眼点，可以探究转化医学中心的内部功能关联与流线组织。

2012年，哈佛大学提出的转化医学研究模式为4T模型，即将转化医学研究与治疗流程划分成四个阶段：第一阶段，向人类转化（T1——Translation to Humans）；第二阶段，向病人转化（T2——Translation to Patients）；第三阶段，向实践转化（T3——Translation to Practice）；第四阶段，向人群转化（T4——Translation to Population Health）。该模式与以往研究的最大区别在于细化了基础研究向受试患者转化的过程，主张在中间增加新疗法或新药物的自身验证环节，以保证向人类转化时的安全等级[31]。这就从建筑载体的角度继续加大了基础研究与实验区的空间复杂程度。同时，哈佛大学还提出了转化医学中心的职能构成框架，主要包括转化研究信息处理平台、转化研究的实验技术平台、临床医院、转化研究的资助单位与转化研究培训中心。建立这种职能构成模式的目的在于聚集与转化医学流程相关的多种职能活动，使转化医学研究更加具有连贯性，形成软硬件相辅相成的高效模式，最大限度地解决转化研究各环节之间的衔接问题。此外，对于转化医学研究与治疗流程中所应参与的专业人员类型，哈佛大学也提出了相应的人员构成模式，即综合了临床医学人员、专业护理人员、教育学人员、工程学人员、管理学人员、生物化学人员、营养学人员、神学人员、法学人员、心理学人员和设计学人员在内的多学科人才协同合作工作模式[31]。

随后的相关研究基本以哈佛4T模式为参考，从不同的侧重点来研究4T模式的多种可能性。如美国塔夫茨大学临床与转化科学研究所提出的4T模式，更多地强调了基于受试患者数量的分类，从开始的少量患者试验，到中期的大量患者试验，再到最后的广泛人群使用[2]，这意味着转化医学中心的专用护理区需要进行细化的层级划分。

在转化医学4T模式的基础上，R. S.布伦伯格（R. S. Blumberg）等人在后续的研究中继续扩充转化研究的环节，即T0—T4步转化流程。该模式将韦斯特福尔的3T模型中明确强调的动物实验阶段归为T0环节，T1—T3则是将临床试验扩大为三个具体的阶段，同时在T1环节加入了概念验证的步骤[32]。总体来讲，布伦伯格的T0—T5的转化流程融合了之前多种模式的特点，对转化医学中心的设计虽没有更新的指导思想产生，但却更加系统化。

总体来讲，转化医学模式的高速发展与成熟期为2007—2012年，后期的研究更多的是对既有模式的补充；转化医学模式对于转化医学中心的建筑设计，无论在宏观功能构架方面，还是在某些具体的空间细化方面，都有一定的指导意义。

（2）国内

国内对转化医学的研究滞后于美国，全国范围内的研究活动开展始于2011年"十二五"规划提出时，国内转化医学相关研究文献多集中在医学边缘学科、肿瘤学、中医药学等研究方向。

张鹏于2013年发表的《关于转化医学重大基础设施建设的思考》一文，对转化医学研究所依托的载体进行了思考，提出了多职能联合的组织模式；2016年杜志杰发表的《H+医疗健康建筑设计服务体系的探索》一文（该文章所研究的内容与转化医学模式所要求的建筑功能构成相似度较高，但其本身并不属于转化医学模式研究，在此仅作借鉴），针对当前复杂的、综合的医疗健康模式提出了"H+医疗建筑设计体系"，其对临床治疗、医药研发、康复训练等职能的统一考虑，实际上应对了转化医学模式的需求。总体来讲，由于国外对转化医学模式的研究，如2T、3T、4T模型被广泛认可和接受，国内相关研究多基于这些已经成熟的模式开展下一层级的生物医学研究[12]，国内转化医学模式的定位跟随了国外的研究成果。但考虑研究的逻辑与严谨性，将对张鹏提出的转化医学职能组织模式和杜志杰提出的"H+"建筑设计体系进行解读。

2013年，中国科学院深圳转化医学研究与发展中心执行主任张鹏提出了转化医学模式的"章鱼模型"。该模型强调了作为支撑载体的硬件和作为运转模式的软件之间的协同关系，主张转化医学中应有一个总体统筹调度中心，作为转化医学体系流程及载体建设的指挥部（章鱼首脑），将转化医学中心分为临床医学部、科研及培训部、企业对接部、政府对接部、后勤支撑部和载体管理部六大职能部门（章鱼触手），前四者共同承担核心业务工作，后两者作为辅助支撑[33]。这实际上属于转化医学的职能组织模型，对转化医学的职能部门进行了限定，更加直观地反映了对转化医学中心建筑功能组成的需求。

2016年，杜志杰的"H+"建筑设计体系，是基于医疗建筑日益综合化、复杂化的现状提出的。这种医疗职能集成理念与传统医疗业态相比，更强调医疗本体、医疗辅助和医疗外延职能的融合，也就是除了常规的诊断、治疗、护理等核心医学流程，还在医疗综合体中植入了如医药研发、康复中心、健康管理中心、医学教育，甚至休闲运动、健康商业等相关职能[34]。该理念并非完全契合转化医学模式，但其中大部分职能的引入与组合方式，都与转化医学的要求比较类似，能够为转化医学中心的建筑设计提供有益的思路。

1.3.3　相关医疗建筑研究

转化医学中心属于医疗建筑的分支类型之一，分析转化医学模式的研究现状可知，其职能构成为基础研究与实验，以及临床治疗等多职能组合体。因此，相关特殊类型的研究型医院以及医疗实验建筑等，都与转化医学中心功能有或多或少的重叠或相似之处。

（1）国外

国外医疗建筑设计研究视野广泛，跨专业研究多。此领域外文参考文献主要分析以下研究方向，即医疗建筑发展的动因与趋势及其与医学模式之间的关系、特定病症的针对性治疗功能空间设计、医学基础研究与实验建筑空间等。鉴于该研究领域研究成果丰富，故不再进行逐文分析，仅以综合归类的方式概括文献的研究内容与研究成果。

在医疗建筑发展的动因与趋势及其与医学模式之间的关系方面，诸多学者或组织，如托尼·蒙克（Tony Monk）、戴维·R. 波特（David R. Porter）英国医疗建筑学会组织等，都有相关的理论研究。他们或阐述现代医院建筑的设计模式对医疗服务所产生的巨大影响，并提出医疗服务理念的更新需要相应的医院模式来进行支持，并以此为依据预测了未来医院建筑的发展方向；或通过对当代医疗建筑的分析与探讨，指出医疗建筑的发展受到医学模式、建筑技术多方面的因素影响；或基于当前医院建筑设计模式，总结了医院建筑模式现有的桎梏，主张基于新兴的医疗工艺进行设计革新，以使医疗建筑发展保持时代活性；或通过对医院建筑空间、形态、风格的研究，阐述了新时代医疗建筑的更新与变化，梳理了医院建筑发展的脉络和内在驱动因素[74]。

在特定病症的针对性治疗功能空间设计方面，M. B. 福尔默（M. B. Folmer）、M. 马林斯（M. Mullins）、A. K. 弗兰德森（A. K. Frandsen）、汉斯·尼克尔（Hans Nickl）等学者基于项目实践对新型医疗建筑的创作提出了新的理念，包含了医院餐厅和营养厨房的相关设计内容，对特定类型医院的饮食需求有很好的借鉴意义；或通过对实际项目的归纳分析，论述建筑空间设计的理念及其基本原则，明确建筑空间设计与疾病类型关系密切，提出针对病症类型的、合理设计的医疗空间，以满足治疗的个性化需求[75]。

在医学基础研究与实验建筑空间方面，G. 格洛夫（G. Glough）、D.G. 福克斯（D.G. Fox）、美国实验动物资源研究所等研究学者或组织，都给出了相关方面的设计意见与建议。他们或辅以详尽的数据及大量文字性说明，对实验动物房的规划和设计方法及最终应达到的指标和效果给出了肯定和明确的阐释，对动物实验中心的建设提供宝贵的经验及意见；或整体介绍了医学生物实验的设施与设备，并主要对动物实验区的建筑设计进行了详细的阐述，提出设计原则与设计标准，为现代医学科研机构的相关空间设计提供有益的思路；或介绍实验动物设施建设的相关规范及标准，并对实验动物中心及设施的维护、管理，实验动物的生理、习性等给予科学的分析及指导意见；或着眼于实验动物的相关法律机构，并对动物实验环境设计、笼具布置、实验设施建设等问题进行阐述，对动物实验室建设有很好的指导作用[77]。

（2）国内

国内相关医疗建筑设计研究文献的分析以医疗建筑与医学模式的关系、多医疗相关功能的整合设计、未来医疗建筑发展趋势、基础医学研究实验空间和特殊类型医疗建筑为主。

在医疗建筑与医学模式的关系方面，贾登辉、张小飞等人或从医学模式的发展演进及现代大型综合医院门诊部的发展趋势着手，结合我国此方面的现实情况，就当前医院建筑门诊部在功能设置、流线组织、公共医疗建筑空间设计等问题，从患者体验、医学模式转变、医疗技术发展等角度提出了现代医院建筑设计思路；或以建筑学、行为学、管理学等多学科交叉论证，预测了未来医疗建筑中治疗与护理衔接模式的发展趋势，以及相应的设计理念与设计方法；或针对当前医院护理单元的设计问题，通过对案例的分析计算摸索效率量化的可能性，进而给出了各种护理单元提高效率的改进方式，以及我国未来医疗建筑护理单元可能的发展模式[78]。

在多医疗相关功能的整合设计方面，孙黎明、欧阳舒眉等一批学者或对医疗建筑的职能进行了扩充，提出医疗联盟和医疗综合体的发展模式，强调了人员、物资、信息等要素的组织方式，从总体设计的角度对未来医疗机构的更新建设提出对策；或以新兴的健康城医疗医护、环境景观、交通枢纽和功能的创新设计为依托，讨论了新时代医疗及保健、康复、预防、科研、后勤保障等相关职能的综合共建趋势，阐述了集医疗、教育、研究、预防、康复、急救"六位一体"的多职能融合专科医院设计思路。这种多职能融合的规划设计理论对转化医学中心建设具有启发意义[80]。

在讨论未来医疗建筑发展趋势方面，以海燕、费跃为代表的研究者，或对美国医疗建筑发展的新特点和新趋势做了相关研究，包括顺应医疗观念、疾病检查及治疗的变革，病房的专门性趋向，医疗机构的专业化趋向，患者教室的兴起等；或结合具有典型意义的医疗建筑实践项目，探析医疗建筑发展的功能特征及总体布局的变化和发展趋势，揭示了我国医疗建筑设计进入新时期复杂化、综合化、多样化的发展历程；或立足资源整合思想，总结了医疗建筑功能区域重新配置与流线重组的设计经验，诠释了医院新时代的规划设计理念，以及该理念下功能单元的设计趋势[82]。

在将基础医学研究实验空间引入临床医疗机构方面，刘静珊将现代动物实验中心作为研究对象，结合动物实验的工艺流程和使用要求，提出了动物实验区在临床医疗机构中进行设计的规范和要点；在医学教育培训与临床实践相结合的建筑设计思路方面，贾森以北京大学第三医院教学科研楼为例，探讨了将复杂的多种医疗相关职能纳入有序的空间载体与适度丰富的建筑形体中，通过实践对教育培训与医学实验的功能融合提出了建设性意见[84]。

第二章 转化医学中心及其医学模式

2.1 转化医学中心现状解析

2.1.1 现状阐述

转化医学中心建筑平台建设起步最早的是美国。2006年，即转化医学时代开启三年后，美国NIH便统筹投入大量资金，用于转化医学研究与临床试验治疗的推进工作，同时协调建设了最早一批影响力较强的转化医学中心，如杜克大学转化医学中心、宾夕法尼亚大学转化医学中心、弗兰德里奇转化医学中心、佛罗里达代谢疾病转化医学中心、纽约梅奥临床和转化科学研究所等；除NIH统筹的部分，各地区政府也都在联合相关的医疗组织机构，进行转化医学中心建设。美国转化医学中心的建设必须经过严格的评估和筛选，评估的结果将影响到项目建设的资金投入比例[2]。在具体的操作过程中，每个中心都要向评估委员会递交建设申请，阐明建设的目标、机构自身的优势、与相关机构协同合作的可实施性，以及对基础医学研究与临床应用进行整合的总体构想等问题。这种转化医学中心建设的管理模式，使大部分建成的中心项目都能够符合转化医学研究模式的基本要求，实现"从实验室到病床"的核心转化环节，从而真正地推动了医学新发现转化到成果临床应用的进程，同时也摸索出培养转化医学人才的运作机制[2]。美国在转化医学中心实际项目的建设过程中，不断积累经验，并在后续的项目推进中逐步完善先期的不足。在澳大利亚、新加坡等国家，转化医学中心的建设采取了"美国模式"，其建设理念与建筑设计模式都有高度的相似性。欧洲国家对转化医学的推进工作更倾向于国家层面的转化医学网络平台模式，这种模式虽然在理论上能够更好地协调资源，但是由于地域空间限制，无法在具体操作层面实现效率最大化，而且该模式与建筑设计理论关联甚少，故在此不做过多介绍。

国内转化医学中心的建设始于国家政策导向，自2010年代末开始，迅速成立了一大批转化医学中心。这些转化医学中心由于建设的自发性，在建筑模式上呈现出各自不同的特点，主要包括挂牌式转化医学中心、联合式转化医学中心，以及教学型医院/转化医学中心（表2-1）。其中，"挂牌式"转化医学中心，即建设方依托原有的单医疗或科研职能机构，凭借自身的优势学科直接定位转化医学中心，这种中心模式根本无法起到衔接医学基础研究与临床试验、临床应用的作用，成果的迅速转化更是无从谈起，原有的建筑本体所承载的医疗活动依然是其固有的单项职能，没有进行功能要素的扩充和协调[8]；另外一种局限性较大的转化医学中心类型是类似欧洲转化医学网络平台的缩小版本，即少数几个医学科研机构或临床机构在名义上合并，成立转化医学中心，这种模式虽然在职能构成方面开始迎合转化医学流程的内在需求，但是在职能衔接方面仍然存在不可调和的时空矛盾；相对来讲，教学型医院在功能配置上已经开始趋向满足典型意义上的转化医学中心需求，这种模式经过近年的发展与完善，已经形成了我国转化医学发展过程中特定时期内的固有形式，即使这种模式仍需进一步改进与优化，但单就其功能要素组成来讲，对典型转化医学中心模式的研究也有一定的参考价值，下面将对该模式进行进一步解析。

我国转化医学平台类型及特征 表2-1

类型	构成模式	主要特征
单位"挂牌式"	医院、科研单位依托原有载体独自建立	为"建"而建，单独的临床或科研机构职能单一，硬性成立转化医学中心，在功能配置与协调方面无法满足流程需求
多机构联合式	多个医院和科研单位之间联合成立转化医学中心（多为跨地域）	此类转化医学中心更倾向于"组织"，必要职能的组合虽能对应转化流程的各个环节，但空间上的隔阂阻碍各环节沟通
教学型/教研型医院	主要为医学院校及其附属医院（部分会介入科研机构）	同时包含转化医学模式所需的临床、科研和教学三大主体职能，职能间空间隔阂小，能形成一定程度的互动，但无法紧密衔接

我国的教学型医院/转化医学中心广泛分布在各大医学院校及其附属医院，例如哈尔滨医科大学附属第二医院、四川大学华西医院转化医学研究中心、中山大学肿瘤医院转化医学中心等。医学院校由于是同时具备教学、科研和临床三项职能的单位，平台的建设过程能够更加便捷有效。因此，国内最能代表转化医学模式总体需求的载体平台，在当下主要集中于各大医学院校及其附属医院，包含了临床、科研和教育交流等职能组分，虽然在时空衔接上仍没

有形成转化医学特有的内在逻辑，但在宏观构架层面却能够在一定程度上为转化医学流程提供相应的平台。

哈尔滨医科大学附属第二医院与哈尔滨医科大学校区仅一路之隔，在空间位置上与校内各学科医学院有着便捷的联系，利用已有的物质资源、人才资源和教育资源，可以很快地建立起以教学培养为任务目标的平台体系。首先，哈尔滨医科大学自身有着完备的医学教育系统，对于人才的培养业已形成标准化、成熟化的模式；其次，其附属第二医院能够进行相应病症的临床治疗和临床实践，从而为转化医学研究提供必要的实践反馈；最后，教育平台与临床平台空间位置接近，这使得科研过程中的基础研究与临床试验的衔接有很大的便利性，同时也可以辅助教学工作中的实践环节。教学型医院在功能特征方面需要一定规模的理论教室、报告厅、实验室和手术室等，同时还需有生物样本室、器材室、药剂室等。哈尔滨医科大学及其附属第二医院的教学区和院区正是分别涵盖了上述功能空间，集群式的建筑规划手法使以教学为主的医学教育、研究和治疗活动得以有效进行。

四川大学华西医院转化医学研究中心，其主体依托了四川大学医学院及其附属的华西医院，并在2016年启建独立的转化医学研究大楼。新建医学楼主要用于转化医学的研究实验，支撑医学院的科研与实践教学，同时为华西医院的临床提供技术支持。虽然该楼仍然为单职能建筑，但它处于四川大学医学院和华西医院的区域组群中，并且其内部功能空间的设置除了科研实验空间和实践教学空间，还考虑了转化治疗与护理的特殊要求，这标志着我国转化医学中心的建设开始有意识地关注转化医学模式的内在流程需求。总体来讲，四川大学华西医院转化医学研究中心依托上述三个职能单位，构建了转化医学模式中较为核心的临床治疗、临床试验、基础医院研究、人才教育与培养等协同体系，强化了学院教育的实践性和可操作性。同时，教育与科研双向强化的结果又可以很好地应用于华西医院的临床治疗。

中山大学肿瘤医院是一所以肿瘤防治为先导、以肿瘤相关学科集群为特色的教研型医院，除协同中山大学医学院进行肿瘤治疗与学科教育之外，国家重点实验室的引入使得该院的肿瘤科研工作也成为一大特色，形成了教学、科研双向发展的临床医院。国家重点实验室项目来自中山大学医学院。中山大学医学院将其载体定位在附属肿瘤医院，从建设目标上来讲，正是迎合了转化医学所倡导的临床、科研、教育相统一的核心思想。在建筑空间的设计方面，实验室空间载体被分为三部分：首先是集中型实验室组群，承载肿瘤医学的基础研究活动；其次是根据具体的病症类型特点设置专项临床实验空间，此类空间与相应的治疗护理区相融合；最后是实践与示教空间，专门用于人才培养与教学。总体来讲，这样的功能配置和空间组合方式，将转化医学流程中的关键环节进行了紧密的衔接与整合，在我国现行的医疗平台当中，是最为接近转化医学的模式。

国外转化医学中心的建设理念与建筑模式，都在积极地向"从实验室到病房"的核心理念靠近。国内转化医学平台由于建设的自发性，出现了多种发展趋向，其中单位"挂牌式"与多机构联合式（尤其是跨地域联合）转化医学中心的建立，其概念重于实际应用，尚无法很好地支撑转化医学治疗与研究流程的各个环节，或由于时空限制无法做到各环节紧密衔接。当前我国最能适应转化医学模式的平台集中于各大医学院校附属医院，这种依托于医学院的教学型/教研型医院，虽然功能组织方面仍需进化发展，但在功能构成上已较为完备，对于转化医学中心功能要素采集具有重要意义。

2.1.2　组织特征

转化医学中心的组织特征与建筑载体的功能模式息息相关，尤其是合作机构与学科构成等项目直接对建筑载体的功能属性产生影响，并且需要构建新的流线模式，在设计理论的研究中必须给予高度关注；资金支持等项目不涉及医学流程的改变，对建筑本体影响较弱，但其职能也需在建筑中有所体现。总体来讲，转化医学组织特征的实践成果对转化医学中心建筑功能体系的具体模式构建有重要的参考价值。

第一，在建设理念层面，以美国为代表的发达国家对转化医学中心的建设突出表现为对社会资源的充分利用，将医学研究机构、药物生产企业等实体引入到临床治疗的过程当中，同时加大力度促成转化医学专业人才的培养模式，直接在中心内部加入人才教育培训的职能[2]，形成"产—学—研—疗"一体化的综合医学流程。相对来讲，国内多数案例显示出的建设理念则是基于机构本身的职能优势，突出建设转化医学模式中的特定环节，在多职能交叉协作方面尚有不足。第二，在建设目标层面，转化医学中心建设最为核心的目标是要解决医学研究与临床应用之间有断层的问题，为转化医学模式提供适应性的空间载体，以推进转化医学与社会健康发展。在核心目标之外，还存在若干分项目标，如提高研究成果的转化效率、加强专业人员培训和人才培养、促进专业知识传播与成果推广等，这些都应该在转化医学中心建设初期制定并完善解决方案。第三，在学科构成层面，国内外转化医学中心都考虑到了与医疗紧密相关的学科领域，如临床医学、临床护理学、生物医学、医疗技术学等。值得提出的是，国外除关注生命科学领域，还强调了社会科学、教育学、伦理学、心理学对转化医学流程的辅助和促进作用[30]，并将其具体职能引入转化医学中心。这个方面，在国内转化医学中心的建设中则很少考虑，应将其作为后续发展的一个重要方面进行完善。第四，在管理模式层面，国外转化医学中心的管理机构和管理人员都实行专职专任的方式；国内则多设立各种委员会对中心进行管理，这种模式使管理成为一种干预，领导性较弱。第五，在资金支持层面，国外政府机构会设立相应的基金，支持转化医学中心的建设和转化医学研究，同时，企业实体的大量参与也在资金需求方面提供了很大的帮助；而国内的转化医学中心在上述两个方面的资金来源较少，多数靠科研经费来支持转化医学研究[2]。

转化医学中心的上述组织特征，在美国哈佛大学转化医学中心、美国杜克大学转化医学中心、四川大学转化医学中心等都有相应的体现。总体来讲，国内建立的转化医学中心，在转化医学模式的组织方面相对完善，走在国内行业的前列，但具体的项目组成稍显单薄，与国外的区别主要体现在：国内是以独立单位自身组织建立为主，或仅有两三个单位沟通合作，在多职能机构联合方面呈现出极大的弱势；国外转化医学中心的医学模式会有相应的建筑载体来支撑，但国内转化医学中心则多以主体机构原有的建筑载体，如医院或科研楼来支撑运行，这就造成了转化医学要求的多环节时空联系，在理论层面得到了回应，但在实际层面仍然没有得到解决。

2.1.3 现存问题

我国转化医学中心建设尚处于发展初期，由于建筑设计缺乏相关标准，导致当前实际项目的建设没有统一的模式，建筑功能及关系差异较大。我国转化医学理念的引入和转化医学模式的研究滞后于欧美等发达国家，同时中心建设带有一定的随意性和盲目性，没有深入考虑其所承载的医疗活动的内在需求与关联。这种状况导致转化医学中心在建筑设计层面出现了具体功能空间缺失及功能衔接断节的问题。

（1）基础研究实验空间缺失

转化医学倡导基础研究、临床试验与临床治疗相结合，这是弥合医学发展"死亡鸿沟"的关键点，二者的结合对医学发展和进步有巨大的促进作用。

这种需求反映在转化医学建筑设计层面，即要求建筑载体在功能配置上，必须具备基础医学研究与实验空间，并且将此类空间与临床试验空间、临床治疗护理空间等有效衔接。国内转化医学中心在建筑功能空间的配备协调问题上亟待加强：一方面，挂牌式的建设模式使得很多建筑载体本身没有用于科研实验的功能空间（此类多数原为单纯的临床治疗机构）；另一方面，一些研究型医院即使有科研功能组团，但与临床的衔接关系却十分微弱，临床功能区单纯用于常规治疗，科研实验也是受科研项目推动，而非直接针对临床问题。上述情况的存在使得此类转化医学中心名不符实，缺乏转化医疗核心流程所需的空间载体，或相应的空间载体无法有效地介入研究与治疗流程。这是阻碍转化医学中心建筑发展的重要桎梏。

（2）治疗护理空间分级不足

转化治疗与常规治疗最显著的区别之一，就是对患者的治疗带有受试性。治疗方案的选取与治疗药剂的使用，是在临床与实验研究的相互转化中得出的针对性方案。因此，在治疗的过程中，一方面要保证患者的受试安全，另一方面由于治疗的周期较长，且不同的阶段具有不同的治疗目标，其所处的护理空间也需要经过针对性设计。根据转化医学研究模式所提示的安全保障差异，通常应将转化治疗与护理区进行多层级划分。我国现行的多数转化医学中心，对转化护理区的分级考虑不足，一般都将住院病房直接用于受试患者的治疗、康养和起居等活动，这种处理方法显然没有照顾到转化流程中临床试验治疗与护理的多层级属性和安全保障需求，是治疗与护理层次缺失的体现。对此，必需按照转化研究的流程以及特定病症的治疗特点，对转化治疗试验和护理研究空间进行合理的等级划分。若转化医学中心本身依托原有常规临床治疗机构建设，则可以将住院部的常规护理单元作为一个护理层级，融入转化护理研究区的综合体系，更加集约高效地完成转化护理功能组团的搭建，从而促进转化研究与治疗的合理性、安全性与科学性。

（3）制剂研发辅助功能断节

加速新药物的研发与成果转化，是转化医学模式的重要理念之一。药物制剂研发最为核心的环节是Ⅰ、Ⅱ、Ⅲ、Ⅳ期临床试验，每期试验都需要一定数量标准的志愿者参与，来确定药物的安全性和剂量、评估药物有效性、查找副作用以及长期使用的不良反应等。上述过程所依托的功能载体主要是制剂研发实验空间和临床试验治疗空间，同时以制剂生产与制备空间进行辅助支撑。而从转化医学中心的建设现状来看，目前我国所建的转化医学中心很少有对制剂研发空间的考虑，而制剂生产制备空间则少之又少（事实上美国也仅有少数转化医学中心设置了该功能组团，这是其当前转化医学中心功能完善的一个重要着眼点）。当然，在推进转化医学中心建设的过程中，涉及资金和制药机构的合作深度问题，导致此项职能的融入相对来说也难度较大。但作为标准意义上的转化医学中心，制剂研究与生产功能组团的介入，是转化医学顺利发展的关键点之一。如若断节，则会直接导致制剂研究成果转化的效率低下，影响新药物的临床应用以及社会推广。

（4）培训与医疗功能无衔接

无论是转化医学专业人才的培养还是转化研究成果的交流与推广，都应该具有时效性。转化医学理念强调教育活动应穿插于研究与治疗过程当中，通过实践平台快速有效地提高从业人员的专业技能，以保证知识技术传播的即时性；而对于转化研究成果的交流与推广，回到"即时性"的问题，同样需要提供相应的空间载体，实时将成果推向社会进行验证。上述"知识培训"与"成果传播"所需的空间，最终都会指向转化医学中心建筑载体。上文提到，当前转化医学中心多以医学院校及其附属医院为依托进行建设，理论上讲并不缺乏教育培训功能空间和传播交流空间，但现实的情况却不尽如此。医学院校在空间载体方面模式成熟，但基本上用于隔离与医学实践的理论知识传播，大部分医学院与附属临床医院由于管理机制相互独立，导致其空间联系存在限制，造成了教育培训职能与临床研究活动脱节。因此，在转化医学中心建筑功能中引入教育培训与交流空间，并令其能够与医学研究和临床治疗护理空间有效衔接，是转化医学中心建筑功能体系完善进程中应该得到关注的重要问题之一。

2.1.4　桎梏反思

我国转化医学中心之所以存在这些问题，有多方面的原因，下面将从对转化医学认知不足、建设理念定位偏差、资金支持来源受限、转化医学人才缺失四个方面，来具体阐述。

（1）对转化医学认知不足

转化医学是一个新兴于美国的概念，且我国的跟进相对滞后，这就导致了概念的陌生性与模糊性。转化医学认知不足一方面包括了对医学成果转化的认知不足，另一方面则是对转化医学具体流程的认知不足。前者会使建设方对转化医学中心的具体功能需求产生认知偏差，而后者则主要体现为设计者对转化医学中心方案设计的迷惑。笔者走访了若干家大型综合性医院/转化医学中心。在调研过程中，发现作为医疗活动的主导者，相当大一部分医务人员对转化医学的概念和流程知之甚少。如唐山市某医院，在参与调研的13位主任医师当中，对转化医学有清晰认识的仅有2人；沈阳某大学医学院生命科学与生物制药研究所科研人员，了解转化医学的人数低于3成；哈尔滨某大学生物信息研究所，由于科研主攻方向为转化医学与精准医学，所内人员对转化医学概念都有了解，但其他科研所的研究人员对转化医学则不甚了解。另外，医疗建筑设计人员中，很少有人能够明确转化医学中心这种医疗建筑分支类型的具体模式，在参与调研的7家设计院当中，仅美国HKS事务所（中国区）相应的医疗建筑设计部给予了关于转化医学中心建筑设计问题的回答。由此可见，作为潜在的使用者、主导者以及设计者，能够对转化医学中心有清晰认知的人数非常有限，那么必然会对此类平台的建设产生负面的影响。

（2）建设理念定位偏差

就建筑类型来讲，转化医学中心是属于医疗建筑的一个分支，其最终目的是服务于转化医学模式下的医疗活动，为其提供必要的载体空间。要满足转化医学流程的需求，功能配备方面就涉及临床治疗、临床护理、临床试验、基础医学研究、教育培训等多项互有联系，但又存在性质差异的空间类型。从这个层面上来讲，转化医学中心可以看作是一个集多职能空间于一体的医疗综合体。而从当今我国转化医学中心的建设情况来看，并未针对转化医学流程进行定位，多是着眼于某一单项医疗职能，或转化医学流程中的某个环节，再根据原有机构的优势学科来开展工作，建筑载体的功能空间也很少有相应的更新与优化，无法真正实现转化医学理念所倡导的多职能协作、多环节融合的"产—学—研—疗"一体化医疗模式。例如，在综合医院建筑中划分出独立的区域进行基础医学实验，但在流程衔接上却没有将科研与临床医疗活动紧密结合，这种所谓的转化医学中心建设理念没有紧扣转化医学模式的精髓，只是选择性地提取了其中的基础科研环节，硬性植入常规的临床治疗职能，没有形成连贯的转化研究与治疗体系。

（3）资金支持来源受限

资金是转化医学中心建立、运转和发展的先决条件。通过对比国内外转化医学中心资金来源可以发现，我国转化医学中心的资金支持途径较少，一般没有社会团体和企业的资助，主要依靠主导单位划拨资金，以及通过科研项目申请国家、地方性基金。现在我国转化医学中心的建设大部分依托医院、科研单位和医学院校，而这些机构单位都担负多项科研、治疗、教学任务，转化医学只是其任务之一，因此，资金分流导致转化医学领域的资金支持不甚充裕。转化医学模式的载体需求具有特殊性，现行的某种医疗建筑类型或科研建筑类型并不能够妥善支撑，那么该载体平台的建设则成为发展转化医学的基础条件，进而资金支持必不可少；而资金支持的不足又直接导致了功能空间载体缺失。这样的情况就造成了单位"挂牌式"、多机构联合式转化医学中心出现，其空间载体自然不能满足转化医学研究与治疗所需，导致主要的流程环节无法植入与衔接。

（4）转化医学人才缺失

当前，我国医学人才的培养类型主要有两种：一种是致力于基础医学研究的科研型人才，另一种是致力于临床治疗的应用型人才。对前者的培养更注重基础理论研究，但研究过程一般局限于细胞、组织和动物实验等，他们很少直接参与临床工作，对疾病的临床表现和治疗过程缺乏全方位的了解；对后者的培养则是以培养能够熟练掌握该专业临床技能应用的医师为目标，倾向于临床能力训练，但科研能力的锻炼却被忽视，导致其在临床工作中面对问题缺乏科研思维，无法提出操作性较强的科研问题和科研论断。在传统的医学模式下，上述人才培养方式无疑能够更直接、更高效地产出单项领域的高层次人才、专家，但转化医学模式的出现则映现出其弊端。转化医学模式"从实验室到病房"的核心理念，正是要求上述两种人才的活动归一合并，形成科研与医疗实践的无缝衔接，那么，单领域的专家人才（不熟悉另一领域）则无法实现这一衔接过程。全面人才的缺失，直接导致了转化医学研究与治疗流程的断节，那么即使转化医学载体平台提供了相应的功能空间并使其交接顺畅，也无法进行医疗活动。因此，转化医学人才的缺失也是转化医学中心建设现存问题的侧推力。

2.2　转化医学模式分类解读

转化医学模式是指在转化医学理念的指导下，医疗活动各个环节在不同的层面所形成的衔接模式的统称，能够反映转化医学的基本特征与基本需求。对于转化医学中心建筑载体，转化医学模式作为被承载的内容，能够从根本上反映出对功能要素的需求。在此，将从转化医学的研究模式、职能构成模式和人员构成模式，来归纳分析其典型理论与观点的基础内容。

2.2.1　医学研究模式

转化医学研究模式作为转化医学的核心问题之一，其理论模型的构建是最早的，自2003年美国南希·S.宋等提出2T转化医学研究模型之后，各大转化医学研究团队和科研院校都开始了对转化医学研究模型的深入探索与完善扩充，随后的3T、4T转化医学研究模型，都从不同的着眼点诠释了转化医学模式的具体流程与载体需求。需要指出的是，后期构建的模型总体来说包含对前期模型的补充，但也并非单纯地在原基础上进行理论扩充，也存在同一阶段的修改或替换。因此各转化医学研究模型没有明显的优劣之分，都有其值得采纳的因子，共同反映建筑载体的功能特征。

（1）2T转化医学研究模型

2003年，美国学者Sung与其科研团队提出了2T转化医学研究模型[24]（图2-1）。该模型体现的是转化医学理念中最为核心的部分，即基础医学研究与临床试验治疗的衔接。T1环节强调将基础医学研究的成果交接到临床研究，将基础医学实验所获得的新发现迅速转向新药物、新疗法、新技术的研发，建立起最便捷的路径，联系试验台与病床；T2环节则提出将此类成果扩大到日常临床应用当中，进行大范围的常规治疗，即"从实验室到病房"。T1和T2转化医学模型实现的是转化医学早期最朴素的医疗理念，着眼于关键的医疗节点，提出了转化医学研究模式的宏观构架。就其自身特点来讲，两步转化的模型能够直观地体现转化医疗活动的本质，但也存在一定局限，即对于成果转化过程中所涉及的多层级临床试验环节不能有效表述，因此，可以将其看作是后期其他转化医学研究模式的雏形，为3T、4T转化医学研究模型奠定了研究基础。

（2）3T转化医学研究模型

3T转化医学研究模型有两个典型模式和一个拓展模式，分别为韦斯特福尔的3T转化医学研究模型[26]、多尔蒂的3T转化医学研究模型[28]和德罗莱和洛伦齐

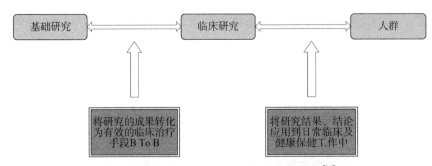

图2-1　南希·S.宋的T1和T2转化医学研究模型[24]

的生物医学研究转化流程[30]。在韦斯特福尔带领的研究团队提出的3T转化医学研究模型中（图2-2），T1是从基础研究和动物实验环节转化到人类Ⅰ、Ⅱ阶段临床试验（确定药物的安全性和剂量、评估药物有效性及查找副作用）；T2是从Ⅰ、Ⅱ阶段临床试验到第Ⅲ、Ⅳ阶段临床试验（验证药物的有效性及长期使用的不良反应、上市前试验）；T3环节是转化到实践，即将已经确认安全的新药物投入到广泛的临床应用当中。该模式对于三个转化环节，尤其强调了T2和T3两个环节之间的循环往复过程，指出了药物转化研究与应用多级验证的重要性[168]。多尔蒂等提出的3T转化医学研究模型（图2-3），与韦斯特福尔的3T转化医学研究模型以制剂研发为主的理念相比，更加倾向于综合性医疗成果转化表述。其中，T1阶段是将医学基础研究成果转向临床疗效考察；T2阶段是将有效的成果转向临床验证，该环节尤其强调"正确的时间与地点"，即临床效果验证的安全性；T3阶段则是将验证安全有效的研究成果投入到广泛的临床治疗当中，同时仍需反馈不良反应信息，进而寻求应对措施，以实现对患者的个性化、针对性治疗[168]。德罗莱和洛伦齐提出的生物医学研究转化流程是3T转化医学研究模型的拓展模式（图2-4）。在这个流程中存在三个转化断层，实际上对应的是3T转化医学模式中的转化过程，分别为试验向临床转化的断层、安

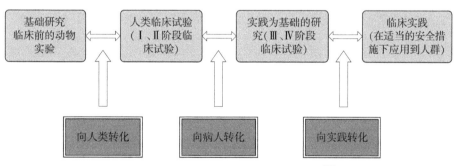

图2-2　韦斯特福尔的3T转化医学研究模型[26]

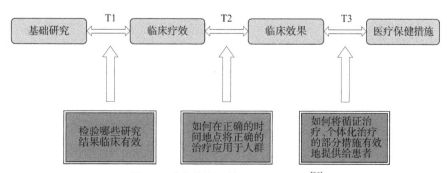

图2-3　多尔蒂的3T转化医学研究模型[28]

全性与有效性的验证断层及成果采纳和推广的断层，这些断层所包含的内容与上述两个3T转化医学模型有较高的相似性，主要也是从基础医学研究、多级临床验证和社会应用等方面进行阐述的，区别在于该转化流程模型是以问题阐述的模式来映射转化医学的内在需求的。

（3）4T转化医学研究模型

关于4T转化医学研究模型，较为典型且认可度较高的有三个，哈佛4T转化医学模型[31]、塔夫茨大学4T转化医学模型[25]和M. J. 库利4T转化医学研究模型[27]。首先，美国哈佛大学转化医学中心给出的解释十分简练，主要从宏观上将转化过程归纳为4个阶段：第一阶段，向人类转化；第二阶段，向病人转化；第三阶段，向实践转化；第四阶段，向人群转化（图2-5）。其次，美国塔夫茨大学临床与转化科学研究所从制剂研发的角度，对4T转化医学研究模式进行了细致的阐述：T1阶段是将基础研究成果向少数病人转化，根据制剂研发的实验与检测流程，该环节主要涉及初期的临床试验（一般为Ⅰ、Ⅱ期临床试验），针对新药物是否有效做出解答；T2阶段则是将前一阶段证实有效的成果进行进一步临床试验（一般为Ⅲ、Ⅳ期临床试验），以探求新药物能否具有普适性的效果；T3阶段则将多次验证的成果推广到一定范围内的常规临床应用，同时收集不良反应的信息反馈，寻找解决办法；T4阶段新药物成果的有效性、安全性、普适性都经过了验证，可以投入到社会健康应用当中[173]（图2-6）。再次，

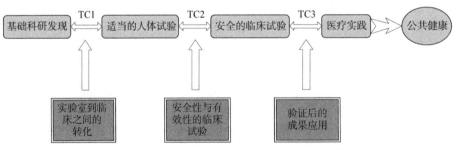

图2-4　德罗莱和洛伦齐的生物医学研究转化流程[30]

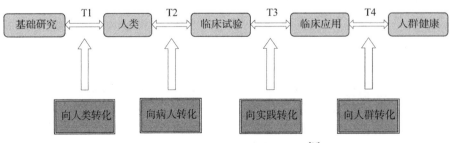

图2-5　哈佛大学4T转化医学研究模型[31]

M. J.库利研究团队提出的4T转化医学研究模式，则是基于塔夫茨大学4T转化医学研究模型解释了多学科基础研究、临床试验、治疗验证反馈和效果评估流程（图2-7）。

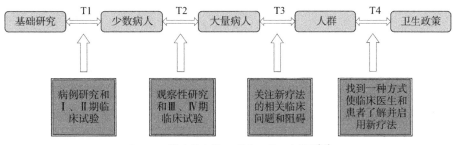

图2-6　塔夫茨大学4T转化医学研究模型[25]

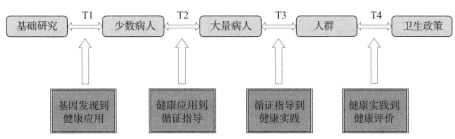

图2-7　M. J.库利的4T转化医学研究模型[27]

（4）4T+转化医学研究模式

布伦伯格等人在综合前期转化医学研究模式的基础上，对4T模式进行了内容扩充，提出了4T+转化医学研究模式[32]，即"T0+4T"5步转化过程。其中T0阶段是以临床前期以动物实验为主的基础科学研究；T1阶段是以验证概念和Ⅰ期临床试验为主的向人体转化的过程（此处的向人体转化不涉及活体试验，多为人体细胞、组织样本的实验）；T2阶段是以Ⅱ、Ⅲ期临床试验为主的向患者转化的过程；T3阶段是以Ⅳ期临床试验和临床结果研究为主的实践应用转化；T4阶段是以群体治疗结果研究为主的社会性推广[174]（图2-8）。该模式重点强调了各阶段转化的循环特性，虽然转化流程示意图描述的转化研究不同阶段是呈线性发展的，但在实际的转化研究与治疗过程中，转化医学研究实践包含了多重反馈回路，转化过程类似依次推进而又循环往复的整体进化模式，包括连续性的数据收集、分析、推广应用和交流互动。每个阶段的信息共享确保了研究人员工作的连贯性，又满足了患者的临床需求以及社会医疗健康的需求，形成综合的、循证的科学环境。

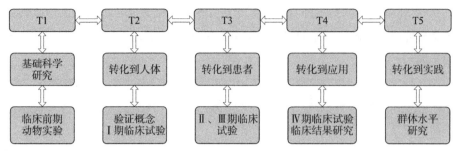

图2-8　布伦伯格的4T+转化医学研究模型[32]

2.2.2　职能构成模式

转化医学职能构成模式，是指为了使转化研究与治疗的各个环节衔接闭合，所需要的各相关机构单位与职能部门的类别及其合作方式。该模式较为主流的有美国NIH提出的建立转化医学CTSAs职能构成模式和美国哈佛大学提出的转化医学职能构成模式。通过这两种职能构成模式可以间接推导出转化医学中心的功能组成。

（1）CTSAs职能构成模式

CTSAs职能构成模式[25]是一种对转化医学中心职能构成进行定位的模型（图2-9），其形成得益于美国CTSAs协作网下的转化医学中心建设实践。该模式下的转化医学中心建设，在学科组成方面大都会涉及临床治疗学、临床护理学、教育学、基础医学等多个学科的交叉合作，因此在职能构成上往往由医疗职能、科研职能、教育培训职能进行组合，同时也会有社会企业（生产型企业和资金支持型企业）的参与。这种职能组合的模式目的在于共同担负起转化医学理念所涵盖的多项任务：第一，加强基础医学研究与临床试验、临床治疗之间的协作，并引入相关实体企业（主要为制药企业），共同完善转化医学模式

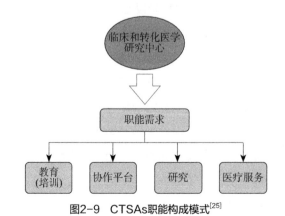

图2-9　CTSAs职能构成模式[25]

所需的各个环节。第二，发挥转化医学中心的集合性优势，推进新药物、新疗法、新技术成果的转化与应用，使之高效地投入于社会应用，推进社会人群健康水平提高；培养转化医学专业型人才，以转化医学中心为基地，孵化新一代医疗专业人力资源，保持转化医学模式的先进性[30]。CTSAs职能构成模式构建了当代转化医学发展的总体职能框架，对转化医学发展和转化医学中心建设都有重要的意义。

（2）哈佛转化医学职能构成模式

转化医学模式主张"产—学—研—疗"一体化的医疗职能组合方式，即把从事基础医学研究、临床治疗护理和医学教育培训等相关医疗活动的人员集中在一起，进行交叉合作与互动，形成学科上的纵向联系。与此相比，转化医学研究与治疗又深入一步，这体现在它对人员集聚和职能组织有较为系统的要求，并非是简单的随机组合，而是由本身的流程步骤限定了各个环节衔接的顺序与紧密性，从而达成整个医疗活动的体系化运行，传统意义上的职能组群在新的要求下，可能会被拆分重组，形成职能交叉与协作。哈佛大学转化医学中心对此提出了一种职能框架，主要包括转化研究信息处理职能平台、转化研究的实验技术职能平台、临床医院、转化研究的资助单位以及转化研究培训中心[17]（图2-10）。该模式强调转化医学中心并非简单的医疗机构或科研机构，而是能够为转化医学研究提供多渠道服务、多方面信息、多类型知识、多学科人才的综合型载体，要根据建设的理念或所依托的平台，

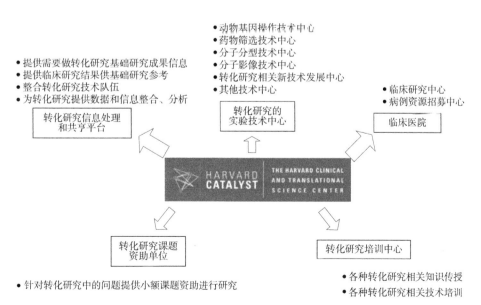

图2-10 哈佛转化医学职能构成模式[17]

查找自身职能构架的空缺和不足，有选择、有根据地拓展必要的核心职能、辅助性的外延职能等，从而使各职能组群中的专业人员能够紧密连贯地开展转化研究与治疗工作。只有形成了完善的职能平台，才能保证转化研究成果向实践转化的效率和效果。哈佛转化医学职能框架之所以将职能与平台紧密结合来进行表述，是缘于对转化医学模式软硬件需求的整体考虑，二者的割裂或分立都不能很好地保证转化研究与治疗流程顺利进行，这也是其能够映射转化医学中心功能组成的关键点。

2.2.3　人员构成模式

在转化医学模式的分支理论模型当中，人员构成也是能够反映转化研究与治疗流程需求的一项重要内容。人员构成实际上映射了转化医学中心的职能构成模式，能够间接地推导转化医学中心的空间组成。所以，在转化医学发展初期，专业人员如何组织分配，在转化医学中心的建设过程中有着重要意义。美国哈佛大学在转化医学建设过程中，根据自身发展特点形成了较为完善的人员构成模式，克罗蒂里斯等人也在探讨转化医学中心运营机制的过程中，详细分析了人员构成问题。

（1）哈佛转化医学人员构成模式

哈佛大学转化医学中心是美国最早建立的一批转化医学平台之一，也是NIH重点建设的转化医学中心之一。从建设理念到职能单位组成，再到学科构成都有相关领域的大力支持，所以哈佛大学转化医学中心在建设过程中是实践与理论并行的。这些理论包括前面提到的转化医学4T研究模式、职能构成模式，也包括了由必要学科推导出的人员构成模式[2]。转化研究与治疗流程极其复杂，融合了诸多工作环节的协作与交接，哈佛大学转化医学中心建立之初，首先明确了所能涉及的学科组合，包括生物医学基础与临床、生物医学与伦理、生物医学与工程、新型医学护理、医学教育培训，以及相关的工程学、法学、管理学、设计学等学科类型，并基于此推演梳理了相应的人员构成。哈佛大学转化医学人员构成模式（图2-11），有包括临床医学人员、专业护理人员、教育学人员、工程学人员、管理学人员、生物化学人员、营养学人员、神学人员、法学人员、心理学人员和设计学人员在内的多学科人才。如此庞大的专业人才组合团队，使转化医学中心的功能空间亟待扩充；也正是由于人员构成类型的确定，使建筑载体的功能空间引入与定位有据可循，可以遵照人员属性及其工作性质推导功能空间类型。

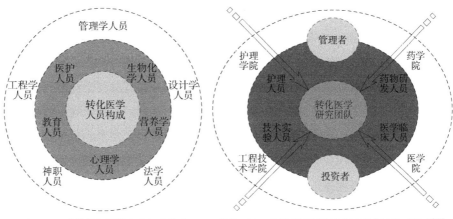

图2-11　哈佛转化医学人员构成模式　　　　图2-12　克罗蒂里斯的转化医学人员构成模式[29]

（2）克罗蒂里斯的转化医学人员构成模式

美国NIH于2013年提出了"未来工作路线图"，包括三个核心问题，其中之一便是研究探索并建立一个新型的、适于转化医学发展的团队。为此，克罗蒂里斯等人探讨了转化医学的运营机制与学科构成，并基于此提出了转化医学中心人员构成的基本组合模式[29]，建立了转化医学人员构成模型（图2-12）。该模型首先考虑转化医学的医疗目的，以医学院的治疗人员作为团队的基础，落实临床治疗环节；又单独提出护理的专业性与非常规性，认为护理专业人员应该通过专门的培训，以护理学院培养的专门性转化护理人员作为团队的基本配置；对于临床问题的治疗方案的研究与成果转化，制剂方面需要药学院的专业人员直接与临床工作对接，而物理疗法等非药剂治疗手段则依靠生物工程技术人员支撑；制剂成果经过验证其疗效和安全性以后，转化流程的后期需要进行普适性实验和推广，因此制药企业的制剂生产人员也需纳入转化医学团队，此外该模型还提到了投资人、咨询服务人员、管理者的参与问题。转化医学中心作为建筑载体的核心就是实现"空间—职能—使用者"的关联统一，该模型的建立能够基于"使用者"一项，发散推导"职能""空间"的构成要素。

2.3　转化医学中心发展诉求

2.3.1　主体功能植入

近年来，精准医学理念相继在美国和我国提出，精准医学可以看作转化医学的一个细化分支，其基本理念与转化医学一致，都强调基础医学与临床医学的对接，新治疗方法的研究与临床治疗相融合，进而对复杂致病因素疾病采用针对性治疗方案。精准医学被认为是转化医学的细化与分支，是因为转化医学适应的病症类型较为广泛，而精准医学是专门针对肿瘤疾病的转化治疗提出的，更加细致地梳理了肿瘤转化医学研究与治疗流程的各个环节，并提出靶向治疗的具体概念。具体来讲，精准医学概念下的肿瘤转化研究、检测、试验与治疗的各环节，医疗活动的精准度更高，要求相关的技术、设备都有当今科技的高端水准，因此，相应的功能载体空间有了很大变动，环境需求、空间规模需求、洁净度需求、关联程度需求等都定位了新的高度。精准医学主张从基因组的研究来破解肿瘤发病的根源问题，因此基因组分析、测试、编译等空间成为必需，鉴于这些环节一般需要紧密衔接，因此在功能空间的关联性考量方面，可以进行统一处理，以功能要素组团为单位进行分析。上述医疗行为基本上属于基础研究与实验，因此在功能大区的划分上，与转化医学没有明显区别，只是在肿瘤转化医学中心或综合型（含肿瘤）转化医学中心的功能体系构建中，需要在基础研究与实验区增添相应的基因组研究与实验空间。在前述的案例和理论当中，仅有四川大学转化医学综合楼提到了精准医学检测室等相应的功能空间；早期的哈佛转化医学职能框架中提到了基因检测的医疗行为，但仍是针对动物实验来验证制剂效果，没有真正提出人类基因的测序问题。因此，人类基因组的基础研究尚未有效地引入转化医学治疗的进程，而当今医学成果已经表明，肿瘤的发病与基因序列息息相关，该医疗职能的引入对转化医学的发展意义重大。

在药物制剂的研发、试验与生产的功能空间载体中，药学实验和制剂实验都属于化学实验的一部分，因此在设置功能空间的时候，无需对此类功能要素进行机械的区分。化学实验室涉及的范围非常广，一般来讲，只有化学科研院所才会有个各专业方向实验室的区分与并行，转化医学研究的医学属性已经限定了其研究范围，而转化医学本身更是以药物制剂的研发为主体工作，因此，在转化医学中心的功能体系设置中，可以单纯的制剂实验室来承托其工作内容。这样的话，在功能要素的定位方面也会显得更加精准与明确。关于制剂与药物的概念，药物包含在制剂的大类别下，制剂还包括了手术制剂、检测制剂等，这些在转化医学的基础科研成果转化当中，也都是至关重要的组成部分，这同样说明了转化医学中心设置制剂实验功能组团的确切性。从这个层面来讲，药物实验室则显得研究内容较为局促。当然，如果某个具体的转化医学中心建设目标倾向于药物的研发与实验，药物实验室的定位也无可厚非，这些内容完全可以依照具体的建设情况来设定。不过，若是建立普适意义下的转化医学中心标准模式，制剂实验室的概念则更具有专业但不失包容性的特点。

从职能上来讲，制剂研发自身可以形成完整的流程体系，其中的若干环节又与医疗活动产生交叉和重叠，具体的环节主要包括理论研究、基础实验、制剂检验、动物实验、多环节临床试验以及后期的禁忌反馈等。上述一系列流程在功能空间方面跨越了多种类型，因此，按照转化医学的功能区划分方式，应将制剂研发的功能空间进行拆分和重新划归。首先，理论研究、基础实验、制剂检测和动物实验环节应归于基础研究区，这些研究活动旨在验证临床使用前对制剂的早期验证与定性，暂不涉及临床的试验与治疗，因此可以与其他科研实验活动统一布局，在空间设计时注意功能组团的独立性即可。其次，多环节临床试验，即Ⅰ、Ⅱ期临床试验阶段，已经开始将制剂研究成果转向人类，需要受试患者参与，因此功能空间的依托应转向高等级临床试验治疗区，在确保安全等级的前提下，验证其临床治疗的效果。再次，制剂的常规应用与禁忌反馈阶段，可理解为Ⅲ、Ⅳ期临床试验，此时受试患者的数量增多，普及性更加广泛，载体空间应转向中低等级的临床试验或治疗区，在一定程度的安全保障下，验证制剂的普适性与禁忌反应。

哈佛转化医学职能框架中分子技术实验室与其他基础实验室的关系，体现了转化医学中心新的功能需求。分子技术实验是当今实验领域的前沿技术，用于转化医学的主要是生物医学分子技术，它是分子生物学的一个分支。分子技术在生物医学中重点服务于破解基因序列所隐含的生物信息，也就是肿瘤转化医学所涉及的基因测序问题，因此，从更高的层面来看，分子技术实验同属于生物医学实验。在转化医学中心的功能要素归纳中，该要素更倾向于针对特定病症的具体功能项，故在标准化的功能体系构建过程中，可以统归为生物医学实验室，不宜将二者并行排列，否则将会导致功能结构混乱。在后续的标准化功能体系拓展研究中，若单独提出肿瘤转化医学中心的个性化模式，则可以将此功能要素作为具体的因子进行布置。

2.3.2 功能关系调整

医技区功能要素与临床转化试验治疗区的功能空间交叉与重叠，是转化医学中心功能体系构建中较为复杂的一项内容。一般来讲，常规医院的医技部承载着医疗活动中检测及治疗的部分，而转化医学中心当中的临床转化试验与治疗区，汇集了专项病症的检验、监测、试验和治疗等医疗行为。对于倾向于转化研究的、不涉及常规治疗的小型转化医学中心，可以直接省略规模化的医技部设置，而依据病症的转化医学流程将对应的检测、治疗等功能空间穿插在功能组团当中；但对于融合转化研究、临床试验与常规治疗的综合型转化医学中心，常规治疗部分需要完备统一的医技部支撑，否则相关的检测、治疗活动将会极其混乱，从而导致功能分区不合理，各功能区之间相互交叉干扰，错综的流线组织也会使医疗流程的空间距离增大，影响各环节医疗活动的效率，因此，在此类较大规模的转化医学中心当中，应该慎重处理医技部与临床转化试验治疗区的相互关系。最为简洁直观的方法，就是两区分设，这种做法对转化医学中心功能体系的标准模式构建有很大的参考性，因为标准性的成果应当具有明确性和清晰性，后续的参考也会形成更大的价值，这种做法的可实施性在于转化检测与治疗的功能空间相对来说都会具有前沿性，新型设备的引入还是会与早已成型的医疗器械有一定的差异，因此可以脱离医技区单独设置，而且对于基因组测序这类医疗活动，其性质更是与医技部的医疗行为有根本的差异，所以应避免将两个区域统一布局。当然，两区的医疗职能毕竟有相似之处，虽然在治疗手段的水平、安全性等方面都存在不同，但在功能区布局的过程中，如果有相应的条件将两区就近布置，还是对整体的功能关系有一定的积极促进作用，进而保证非高频率的医疗环节沟通的便捷性。

转化治疗试验区与转化护理研究区的等级划分与衔接十分必要。转化治疗与护理都存在根据安全系数划分等级的需求，尤其是涉及药物试验的转化医疗流程，药物的研发试验本身就有多级试验环节，因此，在进行转化治疗试验区与转化护理研究区的功能要素选择与定位时，应明确该区的等级。这一点在多个案例中都没有明显的区分，但是在转化医学模式的相关理论当中，分级观念体现得更多一些。同时，需要说明一点，进行等级划分之后，转化治疗与护理的总体划分方式应倾向于多线并行的模式，即不再将转化治疗试验区、转化护理研究区划分为独立的空间组团。因为，试验性治疗与护理的流程衔接十分紧密，功能空间衔接完全隔断，再加之多等级医疗行为交叉并行，会使转化研究治疗的总体程序混乱。因此，应当将高等级转化治疗、试验、护理、研究空间统筹布局在一起，同样，中等级、低等级的相应空间也要自成一体，这样才能保证每个等级中的医疗活动能够顺利衔接，不同等级的医疗活动不会有频繁的交接需求，如高级转化护理研究病房与中、低等级转化护理研究病房之间的交接关系，在于受试患者从高级治疗护理区向中、低等级转换治疗护理区转移，这种行为不是高频发事件，而且对单一患者来说是一次性交接，不会使医疗流程产生过多的不便。所以，以上两区的划分应该拆分重组，变成高级转化治疗护理区、中级转化治疗护理区、低级转化治疗护理区的模式。对于是否严格按照高、中、低三等进行划分，不是严格限定的。按照制剂研发试验的流程，具体分为Ⅰ、Ⅱ、Ⅲ、Ⅳ四个试验环节。总体来讲，前两个环节以验证药物的有效性和适用性为主，后两个环节则是以药物的普适性与禁忌反馈为主要研究内容，因此韦斯特福尔的3T转化医学模式将四个环节前后两两组合，这是较为常规、普遍的做法。而布伦伯格的4T+转化医学模式，将Ⅱ、Ⅲ期试验合并，总体上形成三个治疗与护理组团，这些做法都有其着眼点。对于转化医学功能体系标准模式的构建，两极划分与三级划分都可以，只要体现出并行且总体衔接的分区思路，即可体现转化医学流程的核心内容。而在实际的建设项目中，哪种划分方式更加适用，则需要根据转化医学中心的建设目标、主治病症类型等多方面的因素来进行策划。

需慎重考量转化护理区医护办公室与护士站的设置。医护办公室是治疗人员与护理人员共同进行医疗活动的空间，而护士站是专门从事护理工作的相关人员的行为载体。根据转化治疗与护理的等级定位，不同的护理研究区（含常规护理单元）患者的试验、康复过程有不同的安全系数，因此护理工作也出现了明显的差异。在护理等级较高的功能组团当中，受试患者处于早期受试阶段，治疗效果存在不确定性，因此，需要全时的治疗和护理人员进行观察监护，如果仅设置护士站，由护理人员参与，会使环节自身的安全性不足，因此需备医护办公室，由专业的医师与护士协同工作，处理试验治疗早期的各种突发情况；而在中期或后期，新药物或疗法的有效性和安全性已经经过了验证，自身安全性增强，因此可以简化医疗过程的安全保障措施，此时的中、低级转化护理区或是常规护理单元（若有）则可以护士站的形式安排功能空间。

在当代医院建筑当中，肿瘤的治疗一般都会包含化疗室、放疗室，或至少包括其中之一，而手术室基本上也是大多数医院必备的。转化医学中心对上述功能空间的应用一般会集中于转化治疗研究区，但在具体的技术、设备方面会有一定的提升与优化。从这个层面来讲，把这些功能要素完全归于转化治疗研究区，会存在一定的应用桎梏，原因与医技部的各项检测治疗空间类似，尤其是在包含了常规治疗职能的综合型转化医学中心中，普通患者的治疗流程也会涉及上述功能要素，因此在有条件的情况下，规模化的放化疗及手术空间仍需单独设置，从而与常规门诊、医技和住院病房有便捷的联系。而转化治疗过程中涉及的上述功能类型，在功能布局合理且能够通用的前提下，可以共用放化疗室及手术室，否则，仍需将其拆分布置于对应的功能区中。一般来讲，试验性治疗受试患者毕竟数量有限，因此这些功能空间的额外设置都会以小组团模式安排，无需形成以自身功能为主体的大型功能区。

转化护理研究单元归类出的治疗检测室、指标监测室、应急治疗室等诸类功能空间，应根据医疗活动的自身属性将其进行二次拆分与重组。此类内容来自实际建筑案例，由于案例本身在定位、目标、专业等方面存在差异，会出现同类型建筑功能要素的细化分支或结合方式，因此，这些要素尽量不要只求完整全面，而造成归纳结果的冗余。比如，治疗检测室实际上承载了治疗和检测两种医疗活动，这在小型转化医学中心是可以存在的，此时应急治疗室的加入会使功能空间的安排不协调。一方面，规模的小型化使部分医疗空间融合，而治疗室的细化区分又不符合小规模医疗建筑的功能构建思路，二者存在矛盾；另一方面，若是将治疗室细分为日常治疗室和应急治疗室，那么临床检测空间也同样需要单独划分，因为在空间规模允许的前提下，检测活动和治疗活动明确区分很有必要，这样才能使不同性质的医疗活动的相互干扰降至最低。进一步讲，临床治疗与试验的功能区（或定位功能组团）本身也有检测室和急救室等，如果与临床转化护理研究区统一协调布局，那么二者的治疗、检查、监测、测试等空间都可以归类处理，而无需再重复设置同类空间，从而实现功能空间的简洁化和明确化。

2.3.3　辅助功能介入

转化治疗过程具有试验性质，这对受试志愿者来讲面临着一定程度的心理压力，因为试验就会带有不确定性，虽然人体试验之前会有多个阶段的论证、验证以及动物实验程序，但这并不能从根本上打消受试者的顾虑；同时转化治疗对于受试个体来说，多数情况属于单次尝试，很少存在经验性的压力缓解，故在进入转化治疗之前，能为其提供相关的医疗体验程序，令其最大限度地了解转化研究与治疗的相关流程，对于减少受试者顾虑是一种很有效的途径。医疗模拟与医疗体验功能依托现有的技术可以解决这个问题。通过医疗模拟能够让人更加直观清晰地了解转化研究与临床试验治疗各环节的操作过程；而医疗体验则能够让人直接参与模拟的医疗过程，感受各个过程对自身的影响与作用。此类功能空间的设置对转化医学中心来讲，既是其承载活动属性的需求，也是人性化设计的考虑。

辅助型非医疗行为空间主要包括存储空间、餐饮空间、商业服务空间和住宿空间。存储空间在此指代较大规模的物资材料存储功能单元，不涉及小型的、即时存取的储藏室。小型储藏室一般都跟随相应的主体空间就近布置，较为零散，一般也不会成为影响功能关联的主导因素。大中型储藏空间一般包括餐饮物资、设备物资、药物物资等，此类储备仓库应单独划区，避免进出货物干扰医疗活动，存取行为的集中性和定时性，使其与所对应的供应空间之间的关联度大大降低，不会产生过多的不便。餐饮空间和商业服务空间稍有重合。餐饮分为职工餐饮与商业餐饮，商业服务空间包括商业餐饮、休闲娱乐健身、日需商品销售等。以上功能空间可以根据实际情况统一规划，形成单独的区域；也可以将职工餐饮单独设置，以实现商业服务空间的纯粹性与整体性，如澳大利亚墨尔本皇家儿童医院，将综合楼主体一层设置为商业街，这为进行阶段性转化治疗的患者提供了极大的生活便利，同时日常化的空间塑造也对患者的心理有一定的安抚作用。住宿空间在此单指转化医学中心为回访患者、陪护家属提供的居住空间，一般会配套设置完备的家庭生活用房，使患者、陪护家属等受众人群能够在较长时间的留院过程中，便捷地进行陪护和复查等。

第三章　转化医学中心建筑功能要素

3.1　功能要素的基本特征分析

转化医学中心包含的职能众多，这就导致转化医学中心的功能要素差异化非常明显；同时，每种职能都有其系统化的功能要素集合，使得转化医学中心相对于单一类型的建筑载体，功能要素类型剧增，数量十分庞大；此外，多种职能的融合并不是机械的空间聚集，而是基于医疗行为触发了各自功能要素与其他职能中功能要素的互动与衔接，这使得单项功能要素对其他功能要素的指向变得更加广泛。

3.1.1　功能要素差异明显

转化医学中心的出现就是为了应对医学发展与医学模式更新，将与医疗相关的临床治疗、实验研究、制剂研发、教育培训等多项职能聚合在一起，实质上有一种向"医疗综合体"发展的趋势。与医院建筑的功能属性相比，转化医学中心的功能类别虽然都与医学相关，但已然出现了多个分支，并不只有单纯的临床治疗职能，而是涵盖了治疗、实验、生产、教学等差异化非常明显的多种行为活动，这是转化医学中心功能的基本特性之一。

澳大利亚墨尔本皇家儿童医院之所以名为"医院"，是因为它承载着整个维多利亚区的儿童疾病治疗，但了解其建筑功能体系以及医疗活动后，发现其建设理念完全符合转化医学模式的要求。就本节所述功能要素差异化明显的特性来讲，该医院就是一个典型的建筑实例。如图3-1所示，墨尔本皇家儿童医院总体上分为五大功能区：诊治疗养体系、转化研究体系、服务办公功能体系、商业服务体系以及儿童娱乐体系。这五个功能区职能跨度极大，具有功能要素差异明显的特征：诊治疗养体系的职能接近于现代医院，诊室、病房就是其典型功能要素的代表；转化研究系统中，突出的代表则是转化研究楼中的各类型实验室；服务办公体系除了常规的行政办公室之外，还融合了培训教室

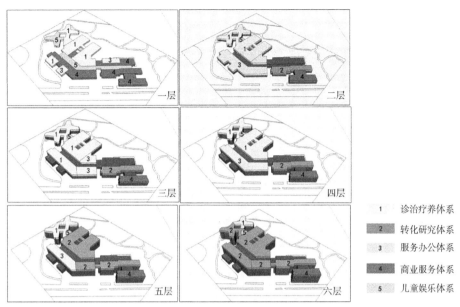

图例：
1 诊治疗养体系
2 转化研究体系
3 服务办公体系
4 商业服务体系
5 儿童娱乐体系

图3-1 澳大利亚墨尔本皇家儿童医院功能体系

和报告厅等成果传播空间；商业服务体系是为了满足接受转化治疗的患者长期入院监测的需求而设置的，保证其所有的生活需求能够在院内满足，其具体的功能要素有专卖店、品牌店、健身房、餐厅等；儿童娱乐体系是基于来诊患者为少年儿童的特殊性考虑的，设置了星光屋、游戏室，甚至室外小动物饲养区等。对上述五类功能区的代表功能要素的列举，能够更进一步显现转化医学中心功能要素的差异化，它除了直接与医学相关的功能要素组合，还包含了许多间接服务于转化研究与治疗活动的功能要素。

又如美国宾夕法尼亚大学转化医学中心，功能结构上可以分为以下几个区域：常规诊疗区与医技区、普通护理区、转化实验研究区、转化护理研究区和教育培训与会议中心（图3-2）。其中，高级治疗中心与普通病房区为先期医院的组成部分，虽然服务于转化医学研究流程，但其功能内涵基本不变，主要是诊疗室和病房；转化研究实验区分为专用实验室和开放型实验室，根据中心的主攻研究方向，具体功能要素包括循环肿瘤细胞检测室、神经工程实验室和代谢组学分析测试中心等；转化研究护理区在功能用途上虽然也是对患者进行护理，但其在病房周围布置了多种辅助型空间，如，由于疗养过程中需要全程跟踪观察与检测，因而与病房相接处都会配置观察室、检测室等配套辅助用房，这从功能要素的称谓来讲的确没有太大区别，但是作为一个功能组团来看，其护理行为的理念与深度都产生了很大的差异；宾西法尼亚大学转化医学中心在扩建的新楼中设置了培

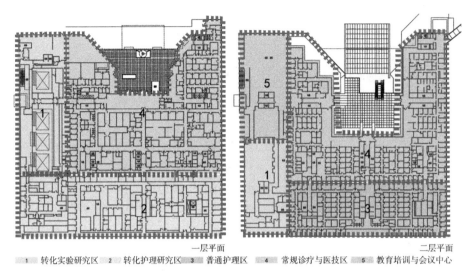

一层平面　　　　　　　　　　　　　　　　　　　　　二层平面

1 转化实验研究区　**2** 转化护理研究区　**3** 普通护理区　**4** 常规诊疗与医技区　**5** 教育培训与会议中心

图3-2　宾西法尼亚大学转化医学中心平面

训区，用于转化医学知识的交流与培训，功能要素涵盖了报告厅、会议室甚至小型教室，这种教学培训空间的加入又加大了总体功能要素集合的差异性。

上述案例的分析结果，都显示了转化医学中心功能要素差异较大的特征，但在此有必要单独提出以中国四川大学转化医学研究楼为代表的一类转化医学中心。这类建筑的功能要素基本以科学实验为主，功能要素差异不明显，但这并不能掩盖转化医学中心功能要素差异较大的特征，因为前文的分析捎带提到，四川大学转化医学研究楼是服务于四川大学医学院及附属医院的，这三个职能机构相当于一个职能共同体。虽然三者无法实现各自活动的连贯衔接，但也是在特定的时期、特定的条件下所采取的折中举措（事实上，鉴于中国转化医学中心发展年限较短，这种建设模式已经在跟进美国的建设理念）。因此，四川大学转化医学研究楼及其连带的职能机构，总体上也能够说明转化医学中心功能要素间的差异性；如果要十分苛刻地将三者区分开来，那么该转化医学研究楼实际上相当于墨尔本皇家儿童医院中的转化研究中心部分，而本研究致力于构建一个完整的、标准化的转化医学功能中心体系，不能以偏概全，否定功能要素差异化明显的特征。

3.1.2　功能要素数量众多

功能要素类型差异化明显，只是转化医学中心功能要素特征群的其中一点。除此之外，功能要素的数量众多，是另一个显著的特性。这个特性的存在与前一个特征息息相关，或者说恰是功能要素差异化较大导致的结果。在转化医学中心这个医疗综合体中，每项职能都可以看作一个单独的建筑类型，而单项职能就会包括若干功能要素，以保证其所承载的行为活动顺畅运行。因此，转化医学中心在职能叠加的情况下，带来的结果就是功能要素数量成倍增加。

澳大利亚墨尔本皇家医院中（图3-3），诊疗体系的基本职能与现代医院建筑相差无几，因此，医院建筑所包含的功能要素，在诊疗体系当中都有体现。转化研究体系包括临床试验研究区、基础实验研究区和转化护理区三个主要部分。其中，临床试验研究区与常规诊疗及病房相接，配备了前期转化研究过程中所需的化验、实验、调校等功能空间；基础实验区则细致地根据学科需求为生物实验、物理实验、制剂实验等研究活动提供了相应场所，并布置了一系列实验室的辅助功能空间；转护理区划分了护理等级，根据护理等级的提升按需在病房周边加入监测室、观察室、应急护理室及康复训练室等。服务办公区中功能要素也远不止医院建筑中所常见的行政办公室和会议室，除此之外，还包括医疗咨询服务区、志愿者招募区。需要单独提出的是，该院将教育培训所需

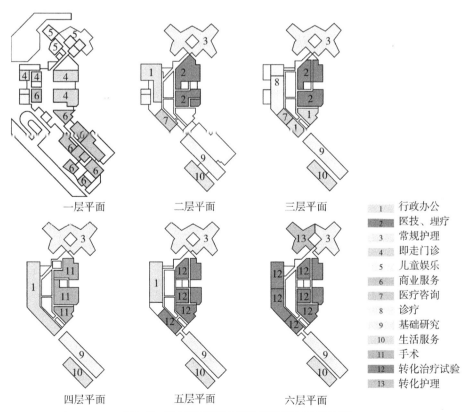

图3-3　澳大利亚墨尔本皇家儿童医院平面示意图

的教室、报告厅等也归入了服务办公体系。商业服务区与一般医院的小型商业空间规模差别很大，在整个诊疗综合楼的一层直接布局成商业街模式，包括了品牌零售商店、餐厅和咖啡厅等小型商铺，以及中型超市和健身房等；此外，在建筑群最南端的六层旧楼，在医院扩建后整体改为公寓型酒店，配备了洗衣房、厨房、休息室以及室外庭院，专门服务于患儿家属，满足了外地甚至国外的来诊家属的住宿需求。上述功能要素的类型对于转化医学中心的总体运行都是普适性的。另外，该院针对接诊对象的特点设立了儿童娱乐体系，该功能要素群不具有典型性，因此不作展开，但即使抛开此部分功能，仍可以看出转化医学中心功能要素数量庞大的特性。

又如美国佛罗里达代谢疾病转化医学中心（图3-4），它属于专科型转化医学中心，主要针对新陈代谢类疾病进行转化研究与治疗，但这种单一的学科方向并没有使它的功能要素数量减少。该中心整体可分为实验室研究系统、临床医疗研究系统、行政后勤保障系统，三大系统以科研为目的紧密地结合在一起。实验室研究系统中，热量监测中心作为新陈代谢类疾病研究的核心支撑，是为研究提供关键数据的实验性空间，是整个研究中心设计的核心，周边围绕其他研究及应急处置空间；生物研究实验室承担生物材料（如血液、细胞等）的整理、培养、保存、检测等功能，周边配有避光储藏的暗室；研究性餐厨区是该新陈代谢类疾病转化医学中心的重要部门，提供由医疗人员和营养师共同控制的特殊餐饮服务，从而达到精准控制营养摄入的目的，属于研究性空间，区别于普通医院后勤系统的营养厨房。临床医疗研究系统中，门诊区是志愿患者与转化医学研究人员直接接触的空间，包括了基本流程上的诊断和测试，

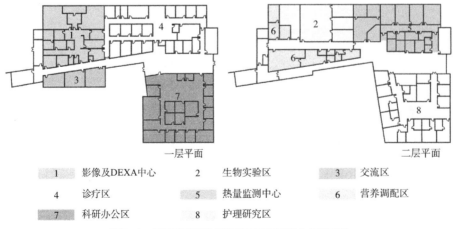

一层平面　　　　　　　　　　　　　　　　二层平面

1	影像及DEXA中心	2	生物实验区	3	交流区
4	诊疗区	5	热量监测中心	6	营养调配区
7	科研办公区	8	护理研究区		

图3-4　美国佛罗里达代谢疾病转化医学中心平面图

将类似于普通门诊的个体单元和相关检测空间复合，并根据所接收的特殊患者进行空间细部的处理和设置针对性更强的设施设备空间；医技部门服务于门诊区的同时也与实验室研究系统密切联系，主要包括影像中心和双能X线吸收测量中心，用于识别、监测并预言一些生物标记在人体内的走向以及治疗手段的效果；医疗护理研究单元区别于普通住院部护理单元的地方在于就近设置的4间综合性测试间，用于对参与人员各项指标的就近检查。行政后勤保障系统主要包括工作人员办公空间、会议室、休息室、电机房、IT室、服务站等功能，由于受规模限制，该研究中心没有单独设立特定的成果交流空间，而是将相关的活动放到办公区。总体来讲，佛罗里达医院转化医学中心虽然是专科型研究治疗中心，但其功能要素的数量仍然可观，是一座"麻雀虽小、五脏俱全"的建筑。

对于转化医学中心功能要素数量众多的特性，在此仍需指出，类似四川大学转化医学楼这类研究中心，其建筑单体没有职能叠加，因此无法体现功能要素群加倍增多的状况，但这不影响作为标准的、完善的转化医学中心功能要素数量众多的事实。

3.1.3 功能要素关系复杂

功能要素关系复杂，即对于转化医学中心中的某功能要素组团或单一功能要素来讲，在医疗活动复杂性加剧的前提下，其空间载体会与其他多类功能空间发生联系，这种联系的复杂性远远超出单职能建筑载体。事实上，这种特定功能要素与多种功能要素都有衔接需求，也正是本书后续要进行功能要素之间关联性判定的最根本原因。功能要素关系复杂，直接导致了建筑功能空间组织的复杂性，这是转化医学中心功能要素最为核心的特性。转化医学中心的建筑功能关系，毕竟不等同于数学公式，建筑设计本身也受到多领域理论的影响与参与，好的建筑空间关系是一种权衡，尤其是在转化医学中心这种多功能且关系复杂的建筑载体中，很容易出现多项功能要素与特定功能要素关系接近的情况。此时的解并非是绝对的、唯一的，根据不同的医学模式需求，可以在标准模式下引申出多种变形模式，这对指导建筑实践有着很高的现实价值。下面将以具体案例说明转化医学中心功能关系的复杂表现，以及相应的设计思路。

澳大利亚墨尔本皇家儿童医院中，实验研究区有两个组成部分：一个是单独的转化研究中心，负责基础研究与实验；另一个是临床试验研究区，位于门诊综合楼的五、六层。这种布局安排实际是为了使该区域中各功能要素载体空间能够便捷地与对应行为空间发生联系。从功能要素组来讲，临床试验研究区对受试者进行全面的病理检测与分析，将采集样本和数据结果提交基础研究区进行医学实验和制剂研发，从而拟定针对性的治疗方案，再将治疗方案反馈到临床研究区，对受试者进行监测治疗，同在转化护理区进行监测及康复休养的特定病症类型患者，还会不定期到该区进行康复训练。因此，临床试验研究区与门诊、转化研究中心、转化护理区都会有医疗活动沟通（图3-5）。这种沟通在具体的操作层面自然会落实到单个功能空间，如临床试验研究区的神经学成像实验室，是对神经障碍患者在门诊区确诊后，进行转化治疗的第一个环节，可以对神经障碍患者进行辅助式神经系统探测，并通过人工控制试验来确认病患的症结所在；循环肿瘤细胞检测实验室承担着对患者在转化护理区期间进行细胞生存期预测分析的工作，从而保证对肿瘤实时信息的反馈，这种反馈直接提交到转化研究中心的生化实验室，进行基础医学实验，进而确定肿瘤个体化治疗方案与治疗药物。

　　功能要素的指向性在转化医学中心当中非常普遍，并不是少数几个功能要素组团或单一功能要素存在这种现象。墨尔本皇家儿童医院中转化护理区，同样与门诊区、临床试验研究区以及常规转院病房有着多指向的行为连通需求（图3-5）。经门诊区确诊的患者若符合进行转化治疗的标准，根据病症类型的转化研究与治疗步骤，则可直接从相应的科室门诊转入转化护理区的Ⅰ级护理区；而转入Ⅰ级护理区后，下一步进行的就是在转化护理与相应的临床实验室之间的循环转化治疗，通过指标监测、数据样本采集和临床试验来寻求最优的治疗方案，这个过程其实也反映了转化护理区与临床试验研究区的相互指向性。根据阶段性的治疗成果反馈，判断患者是否可以由Ⅰ级护理区转化到下一级护理区，或是对病情恢复较快、体征稳定的患者，是否可以直接转入对应科室的常规护理病房，也体现了转化护理区与常规住院病房的关联。由此可见，无论是功能组团层面还是单一功能要素层面，其衔接关系都是复杂多样的。

　　又如中山大学转化医学中心设计方案，其功能组团及要素的衔接模式与墨尔本皇家儿童医院有共通的地方，也有局部差异。临床试验研究区位于二、三层平面的中心位置，下接一层门诊区，保证门诊区确诊的患者能够便捷地进行进一步的检测；向上与六层的转化护理区同样以竖向交通衔接，使临床研究与受试者的转化护理活动之间的循环能够顺利实现（手术区出于空间规模需求和与常规住院病房衔接的需求布置于四、五层，但竖向的隔断并不影响交通流线）；西侧单栋楼体一至三层为转化研究中心，负责肿瘤学的基础研究与实

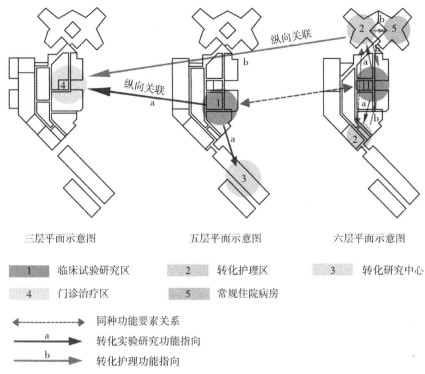

三层平面示意图　　　　五层平面示意图　　　　六层平面示意图

| 1 | 临床试验研究区 | 2 | 转化护理区 | 3 | 转化研究中心 |
| 4 | 门诊治疗区 | 5 | 常规住院病房 | | |

同种功能要素关系

a　　转化实验研究功能指向

b　　转化护理功能指向

图3-5　墨尔本皇家儿童医院部分功能关系示例

验，通过连廊与临床试验研究区紧密衔接，以保证研究数据与研究活动便捷沟通；此外，该中心重视转化研究成果推广传播以及专业人员培养，因此在三层临床试验研究区的东侧布置教学培训教室等功能空间，这是从转化医学中心建设目标层面构建的设计思路。由此可见，以临床试验研究区为代表的功能组团指向，在中山大学转化医学中心体现为其与门诊区、转化护理区、基础实验研究区以及教育培训区的行为衔接（图3-6）。具体来讲，在细化的功能要素方面，这种指向的广泛性进一步复杂化：如门诊区的胸腔诊室、软组织诊室、头颈诊室等患者，若需要进行转化治疗，都要转入临床试验研究区的相关实验单元；临床试验研究区的各试验单元又分别对应转化护理区的各病症特属病房，需要有便捷的途径保证患者治疗与护理的交接与循环；同时，在治疗过程中，临床试验研究区的各试验单元与转化研究中心的各学科基础实验室，又必须有检测数据与研究结果的反馈过程，以取得治疗方法的创新与验证。

转化医学中心的非医疗活动功能空间同样存在广泛的指向性，中山大学转化医学中心的教学培训区与临床试验研究区相邻布置，目的是及时传播研究成果；位于转化研究中心上方第四层的会议中心，包括示范教室、多媒体会议厅

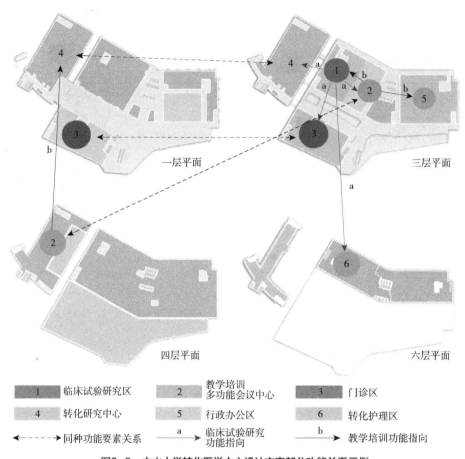

图3-6 中山大学转化医学中心设计方案部分功能关系示例

等，在转化医学模式中也属于广义的教学培训区，只不过该部分更强调转化研究成果的对外性；教育培训区同层东侧布置了行政办公区，这种设计也正是考虑到教育培训区的特殊位置，而采取的空间组织方式，目的是能够保证教学培训与行政管理同步与协调（图3-6）。总体来讲，转化医学中心的功能要素，无论是关乎核心医疗，还是涉及辅助服务，相互都有联系与指向，它们共同形成一个有机的空间载体。

3.2 从典型建筑案例抽取

从建筑设计方案采集建筑要素，直观简洁且可参考性较强，需要对方案平面进行仔细阅读与分析。功能要素的采集过程应注意单个案例中核心要素、可选要素的判定，并且在多方案要素比较时能够准确地合并同类要素，避免出现功能要素的混乱重叠。同时，对于功能指向单一的要素形成的不可分割的组团，要进行整体处理，即功能要素的类型化处理。

3.2.1　美国宾夕法尼亚大学转化医学中心

宾夕法尼亚大学转化医学中心属于宾大医学系，在宾大医学中心、宾大医学院等原有医学相关机构的基础上扩建而来，既利用了医学研究资源和医疗临床资源，又增添了适用于转化医学的功能要素，在当前转化医学中心建筑模式尚未定型的阶段，具有很好的借鉴意义。

该中心属综合型转化医学中心，针对多种疾病进行转化研究、试验以及治疗，主要研究方向包括肿瘤、神经学疾病和身体代谢疾病等当前发生率较高、对人类健康威胁较大的病症类型。其核心理念是通过对某种病症临床变化的迅速检测与试验，及时了解病理反应，有针对性地实施治疗方案。该流程的顺利进行需要多种医疗职能部门（如诊室、医技室、实验室、护理单元等）配合才能完成。为了满足这些功能上的需求，宾西法尼亚大学转化医学中心的建设融合了早期的配雷曼高级医疗中心，其诊疗区和医技区在用于常规医疗的同时，也服务于转化医学研究与治疗的特定环节。新的扩建部分配置多种类型的实验空间，以满足转化研究中的各类实验需求。同时，该中心在扩建方面仍留有余地，以待根据后期发展进行功能植入，适应转化医学的进一步发展。总体来讲，宾大转化医学中心集医学研究与临床诊疗于一体，通过对功能空间的重组，能够促成医学研究成果与病患治疗实践在接触中迅速完成信息交换。宾大转化医学中心多期工程完成后分为中部高级治疗中心，西侧斯米洛转化医学研究楼、南楼和东楼，集成了常规治疗护理、转化医学实验与基础研究、临床研究与转化护理研究、培训交流等多项职能（图3-7）。

高级治疗中心实际是宾西法尼亚大学早期的附属医院，其功能组成属于典型的当代医院建筑。其中，门诊区包含以肿瘤、神经学疾病和身体代谢疾病为主的各科诊断室；医技区主要包含影像部、手术部、核医学治疗部。医技区的影像部有胃肠造影X射线室、心血管摄影室、CT机室、核磁共振成像室以及相关的冲洗打印辅助空间；手术部有各级手术室以及消毒室、麻醉准备室、用料库房等辅助空间；核医学治疗部位于地下层，以X刀治疗室、伽马刀治疗室和中子治疗室为主要功能空间。这些功能在转化医学中心当中，既服务于各科诊室，也服务于转化试验与治疗，因此其界限也不是非常明确，已与部分转化试验研究区的功能融合；该中心东侧大楼是按照常规护理模式建成的各病症住院病房，以及为之服务

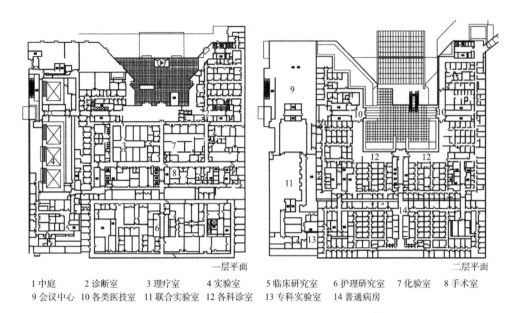

一层平面　　　　　　　　　　　　　　　　　　　　　　　　　二层平面

| 1 中庭 | 2 诊断室 | 3 理疗室 | 4 实验室 | 5 临床研究室 | 6 护理研究室 | 7 化验室 | 8 手术室 |
| 9 会议中心 | 10 各类医技室 | 11 联合实验室 | 12 各科诊室 | 13 专科实验室 | 14 普通病房 |

图3-7　宾西法尼亚大学转化医学中心一层平面

的护士站、医务人员办公室等；药房位于平面一层，单独成区。

　　转化实验研究与护理区位于中心高级治疗中心的西侧和南侧，其中西侧以各学科基础实验室为主，辅以相关的材料储备用房、器械用房和消毒室等，同时配备了科研人员进行数据处理与基础研究的办公空间。为了满足不同的实验需求以及多学科交叉合作的要求，空间形式采用了专用实验室和开敞联合实验室相结合的设计手法。南侧以临床试验与治疗为主，具体包括了生物传感监测实验中心、循环肿瘤细胞检测中心、神经工程实验区和代谢组学分析测试中心；同时，转化护理区也布置于此，每种病症的护理病房设计都具有针对性，与临床试验区紧密结合，并在病房周围安排了监测控制室、观察室以及紧急处理室等相关功能空间。这种治疗试验与护理统一布置的方式，能够为转化研究与治疗过程提供极大的便利，可以使从患者指标提取到治疗方法试验，再到治疗效果验证的环节，更加通畅连贯。

　　转化医学的教育与培训是为了推广与传播转化研究与治疗成果，并完成专业人才培养任务而设立的。目前，转化医学正处于发展的初期阶段，基础研究、临床、新药和器械研发等各个环节尚不能有效链接，所以转化医学中心作为新理论的前沿实践区，有必要设立相应的功能空间载体来承担此任务。宾西法尼亚大学转化医学中心在扩建新楼中设置的会议中心，包括多功能报告厅、会议室等功能空间，主要目的就是用于转化医学知识与成果的交流与推广。

综合上述分析，可得出宾夕法尼亚大学转化医学中心的功能要素采集过程层级图（图3-8a、图3-8b）。图中对同类化功能空间或对应性主辅型功能空间进行了类型化处理，即根据功能性质将部分灰色要素白化。例如肿瘤诊断室、神经科诊断室和代谢科诊断室等统一为"各科诊室"，又如将以各级手术室为主，消毒室、麻醉准备室、用料库房等空间为辅的功能要素组合体划归"手术

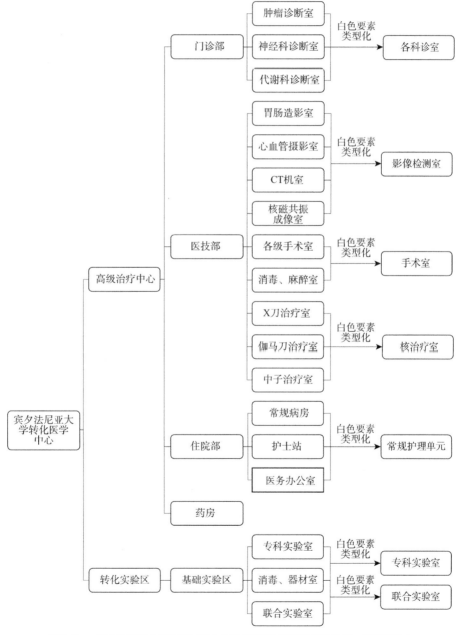

图3-8a　宾夕法尼亚大学转化医学中心功能采集过程层级图（治疗、实验部分）

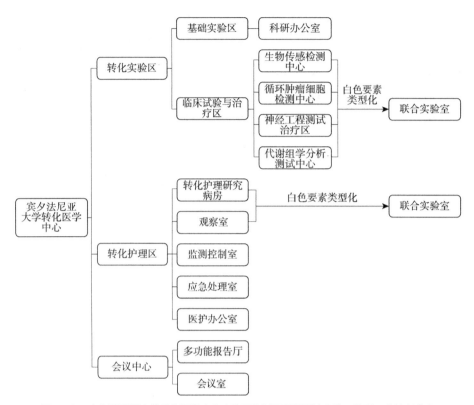

图3-8b　宾夕法尼亚大学转化医学中心功能采集过程层级图（实验、护理、交流部分）

室"统一代表。这是考虑到同一类型下的各功能空间不可分割；而且，辅助型空间无法单独成为具有实际意义的职能载体，在后期的功能要素关系判定中也没有评判价值。因此，按此方式对功能空间进行类型化处理，能够避免白色要素融入灰色要素的处理过程，有效减少后续计算中不必要的工作量。

3.2.2　美国佛罗里达代谢疾病转化医学中心

美国佛罗里达代谢疾病转化医学中心的建设目标在于探究肥胖症、糖尿病等新陈代谢类疾病的综合致病原理。据该转化医学中心主任史蒂文·史密斯（Steven Smith）介绍，该中心强调建筑除了要承接一定数量的常规诊疗与护理活动，更多的是要关注对疾病原理的研究以及将研究发现转化成临床应用成果，使致病因素多样化的代谢类疾病能够有更加多样、更加先进的治疗途径，这也是转化医学模式的核心思想所在。

佛罗里达代谢疾病转化医学中心虽承接常规诊疗，但其主要的医疗活动集中于基础医学研究和临床试验，常规就诊量较少，因此建筑规模不大。但其转化医疗流程所需的功能空间较为完备，能够保证基础实验、临床诊断、临床试验、护理研究等核心环节顺利进行和衔接。该中心的功能构成主要分为实验室研究区、临床医疗研究区和行政后勤保障区，上述三大功能区中的具体功能单元，涵盖了临床、护理、基础研究、试验与科研办公等多项内容（图3-9）。

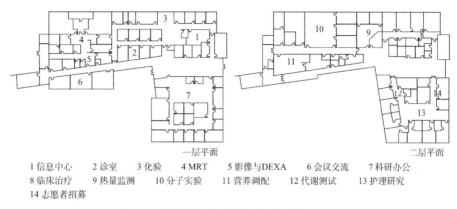

一层平面　　　　　　　　　　　　　　　　　　　　二层平面

1 信息中心　　2 诊室　　3 化验　　4 MRT　　5 影像与DEXA　　6 会议交流　　7 科研办公
8 临床治疗　　9 热量监测　　10 分子实验　　11 营养调配　　12 代谢测试　　13 护理研究
14 志愿者招募

图3-9　美国佛罗里达代谢疾病转化医学中心平面

转化实验研究区主要有热量监测中心、生物研究实验室、研究型营养厨房等。热量监测中心是代谢类疾病指标提取的重要功能空间，提供了基础实验研究的数据，为代谢类疾病基础研究的核心环节，因此其在建筑设计中也是要给予重点考虑的部分。在转化实验研究区中，热量监测中心所占面积较大，同时鉴于其功能的重要性，将其布置在区域中心位置，围绕热量监测中心安排相应的研究室和应急处置室等。根据监测阶段和监测内容的差异，热量监测室有大小之分，大型热量监测室用于受试患者多的综合性监测，小型的监测室则针对具体的代谢途径进行更加具体精细的数据提取。生物研究实验室针对监测数据承担着对组织、细胞进行整理、培养、保存和实验的职能，以实验室为核心，周边布置相应的样本室、储藏室、物资供给室等。研究型营养厨房在代谢疾病的转化研究与治疗中有着重要意义，通过饮食控制的受试患者的各类营养摄入量，也是进行研究的主要数据指标之一。临床医疗研究区主要集合了志愿者接待区、门诊，以及将临床试验研究与护理相结合的医疗护理研究单元。志愿者接待区是受试患者参与转化治疗的起点，设置有流程科普室、知情同意室以及相关工作人员的办公室，目的在于让受试患者清楚地了解转化研究与治疗流程。门诊部分包括了诊断室和初检室，医务人员将在此对受试患者进行初步的病理确认，同时判断其是否适合进行转化治疗。由于佛罗里达转化医学中心规模较小，且不针对大量患者进行常规接诊，故门诊并未单独分区，而是紧邻志愿者招募空间设置。转化护理研究病房的设计相对传统护理单元的格局有较大改变，由于医疗模式具有试验性，护理空间的安全保障就尤为重要。除了用于患者休息起居的病室之外，还安排了急救室、训练室、医护办公室等，同时，在高等级病室当中还引入了用于日常数据采集的体征指标检测仪器，且相邻或邻近此类病房，专门设置了数据监测控制室和观察室，以最大限度保证受试患者的安全。

行政后勤保障区主要包括办公室、会议室、休息交流区，以及机房、服务站等辅助空间。办公系统以独立空间与开敞空间结合布置，与科研医疗区相互独立，但总体上还是属于科研活动的延续，尤其是交流区，各职能环节的医务人员和科研人员可以进行工作上的沟通；辅助配套设施系统则根据职能需求将自身空间与目标空间临近布置。

综合上述分析，可得美国佛罗里达代谢疾病转化医学中心的功能要素采集过程层级图（图3-10），该过程除包含了要素采集以及同类型职能要素的白化两方面，还涉及了个别要素组的细化与拆分。总体来讲，佛罗里达代谢疾病转化医学中心由于属小型化、专科型案例，其功能要素的分区方式与综合型有所不同，更加自由灵活。严格意义上的门诊区、医技区以及转化研究与治疗区，其各项功能要素都被拆分重组，按照转化医学流程进行了布局。例如，初期的检测空间直接邻接诊室布置，形成了转化研究型诊断室；医技部门由于单一的病症治疗，医技室类型较少，因此将胃肠造影X射线室和双能X线吸收测量中心直接归入转化实验研究区，使其与实验空间紧密配合。这些做法在小型化的专科型转化医学中心当中有其存在的价值，能够很好地满足转化医学模式要求。此外，因为小型医院的管理运营相对间接，在其行政办公系统中，行政办公室与医务办公室没有明确的界限。在这样的前提下，专业医疗研究人员也可以在此进行科研办公，这也是为什么该列表在对"行政/科研办公室"这一功能要素进行类型化处理时，不但不涉及类似功能的融合，反而是将其拆分为行政办公室和科研办公室，这样的处理能够更加明确地定位功能作用，使后续转化医学功能体系的构建更具标准性。

3.2.3　美国凤凰城儿童医院

美国亚利桑那州的凤凰城儿童医院，由HKS建筑事务所设计，集医疗服务、转化研究、健康保健及儿童和青少年疾病预防于一体，是全美顶级的综合

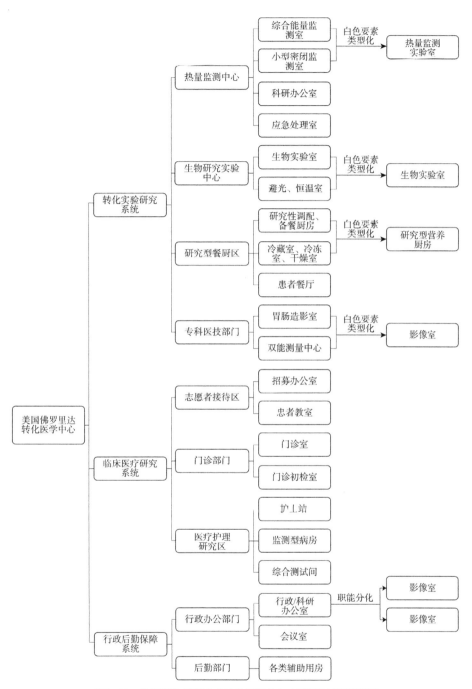

图3-10　佛罗里达代谢疾病转化医学中心功能采集过程层级图

型儿童医院之一。该院的优势学科为肿瘤治疗，因此在转化研究与治疗空间的设计方面，以肿瘤的针对性治疗为主导，各层平面新型功能要素的引入和布置大多都为此服务（图3-11）。

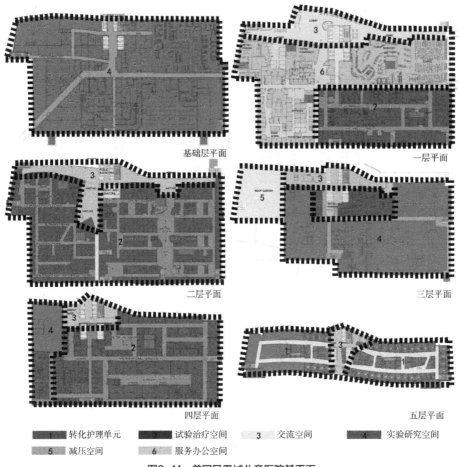

基础层平面

一层平面

二层平面

三层平面

四层平面

五层平面

	1　转化护理单元		7　试验治疗空间		3　交流空间		4　实验研究空间
	5　减压空间		6　服务办公空间				

图3-11　美国凤凰城儿童医院基平面

　　基础层至四层裙房部分的功能组成相对复杂。首先，基础层除了设备用房，最为突出的转化医学功能就是药剂实验与管理中心，分别承担新制剂研发与管理实践的任务，该功能的引入极大促进转化研究与治疗流程的发展，使新药物成果的转化更加直接迅速。其次，该层单独设立数据信息中心，对全院的医疗数据进行统一管理，这其实也对转化医学模式的运行有重要意义。因为，在转化研究与治疗的过程中，数据信息共享是提升成果转化效率的关键环节。限于基地总体空间的限制采取了集中式布局，转化医学向的功能空间与常规治疗空间融合在一起，难以避免局部的联系不够紧密，该功能空间的设置对这种状况有一定程度的缓解作用。

　　一层平面中的功能组团以行政管理、医师门诊、综合药房（分为院内药房和社会零售药房）以及大型公共餐厅为主。与上述功能空间紧密隔离的平面东南区，设置了R/F超声检测、MRI核磁检测以及RAD辐射治疗等专门针对肿瘤治疗与研究的核治疗空间，这种布局方法在常规医院中较为少见，做此选择主要由于受场地限制。为了减少临床试验功能组团与一层其他功能空间的相互干扰，该组团设置了完善的隔离措施，并且常用出入口与其他部分分开使用，医疗活动中一般仅通过竖向交通进行联系。另外，核治疗功能本质上隶属于肿瘤转化医学中的临床试验与治疗环节，与其他相关实验研究功能没有处于同一区域内，也是由于核治疗与检测本身有放射性，为了保证其他空间不处于放射污染环境之内，同时考虑大型设备的安置及建筑围护结构的建设条件，故将其布局在一层一隅。

二层分为两个主体功能组团。其一是平面东侧区，为大量的各科室诊断室，同时辅以相应的物理治疗室，将诊断与早期的检测结合在一起，这是对转化医学模式中前期诊断需求的呼应，作为判断患者是否需要进行转化治疗的依据。其二是西侧区，为即走患者诊断治疗区，该区的定位是常规治疗中的非入院患者，该类患者一般来说病症较轻，没有进行转化治疗的必要性，可以在本层的物理治疗室得到相关的简单治疗。从这个角度来讲，物理治疗室有双向职能，一方面是判断患者的治疗需求，另一方面能够承载非入院患者的即时治疗活动。

三层与四层整体上都属于转化实验研究区，包括肿瘤、神经学疾病和心脏类疾病的各种深度检测、医学试验、基础研究与转化治疗功能空间。同时，考虑到肿瘤转化治疗中手术的重要性，将手术中心也整体布置在该空间范围内，当然，这种布局也是基于手术中心与护理空间的衔接关系。其中，肿瘤疾病的功能组团以RT同位素跟踪监测室和SPD探测实验室为主；神经学疾病功能组团包括神经成像实验室、神经调控实验室和神经假体实验室等；心脏类疾病功能组团包括导管插入术介治室、CABG技术实验与治疗室等；手术中心除主体的各级别手术室之外，配有必需的术前准备区、术后监测恢复区和血液库。此外，本转化医学中心承担了制剂研发职能，故在三层设立了独立药房，专门用于转化实验区的用药供给。

五层以上的高层部分为综合型护理病房，其中包括了常规的护理单元以及转化护理研究单元。常规护理单元如现代医院住院部模式，以病房、护士站为主；转化护理研究单元除根据病症类型在病房内部进行相关的指标监测以外，还在每两间病房中间安排了观察室，并在医护办公区附近设计了监测仪器控制室，以保证受试患儿的指标提取效率与体征安全等级。

综合上述分析，可得美国凤凰城儿童医院主体功能要素采集过程层级图（图3-12a、图3-12b），并通过功能要素的类型化合并排除白色要素。总体来

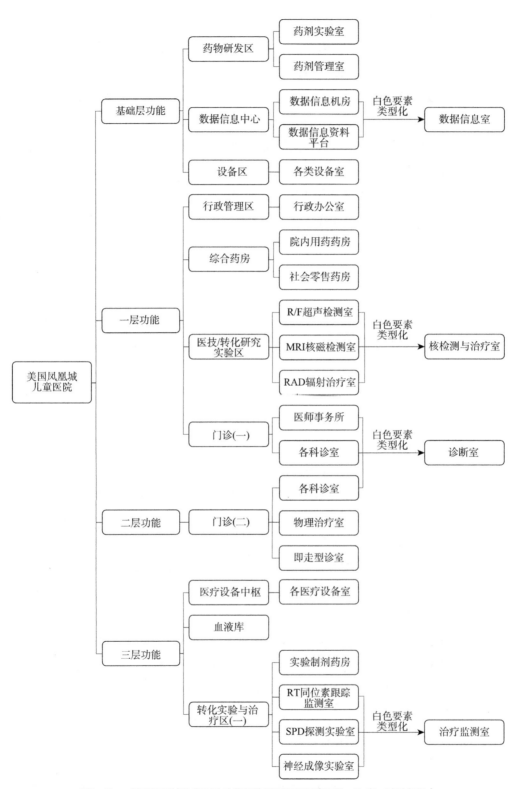

图3-12a 美国凤凰城儿童医院功能采集过程层级图（研发、治疗、试验部分）

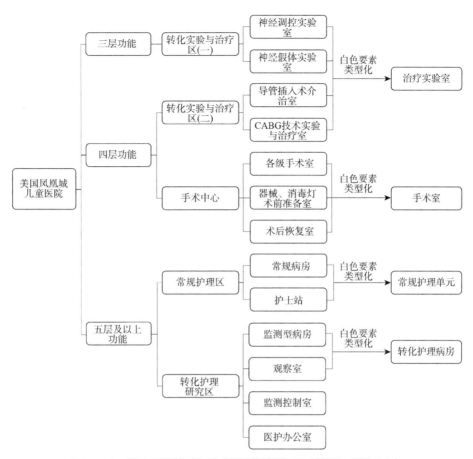

图3-12b 美国凤凰城儿童医院功能采集过程层级图(试验、护理部分)

讲,该院对以肿瘤为主的多类型病症的转化研究与治疗功能空间的引入具有较强的参考性。在功能布局方面,由于受场地所限而采取了集中的布局模式,使得部分功能组团与常规的理想认知有差异,例如将制剂实验与研发区布置于基础层,而核医学治疗空间布置在一层东南侧。采取这种布局方式 一方面是因为受限于自身建设条件,另一方面也正说明了转化医学中心建筑模式的探索性到底是优是劣,亟需一种标准的模式予以评估与判定。对于现代医院模式下的常规功能组团,其布局形式相对成熟,如无必要则不做细化拆分,直接作为白色要素进行处理。比如,常规护理区中病房与护士站统一记作常规护理单元;而转化护理研究区仅把观察室与监测型病房合并考虑(因为要观察必需直接相邻,否则失去观察室的意义),监测控制室、医护办公室之于病房的关系,在没有现行参考模式的前提下,应谨慎对待,不宜合并,并且三者以上的功能要素关联性一般会有差异,根据后期评判再作梳理是有必要的。

3.2.4　美国加州弗兰德里奇转化医学中心

弗兰德里奇转化医学中心是斯坦福大学医学院为了推进转化医学模式而建立的，由于其自身所处位置与医学院及附属医院空间距离较近，故采取了三者联合承担转化医学流程的策略：转化医学中心倾向基础研究与临床试验；医学院负责理论知识的教育，而实践培训则与转化医学中心联合完成；附属医院接纳进入后期护理流程的受试患者，同时在常规治疗中发现的问题也会及时反馈到医学中心。

弗兰德里奇转化医学中心主要包含三个功能区：首先是综合实验研究区，该区以制剂实验和技术实验为主，满足转化医学对基础研究的需求；其次是肿瘤临床试验区，主要提供多项肿瘤人体试验空间，也包含少量其他疾病的临床试验空间；再次是光波治疗中心，即临床与转化医学教育培训基地，联合斯坦福医学院共同致力于转化医学人才的培养（图3-13）。

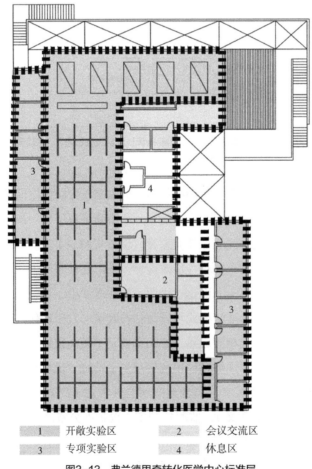

1	开敞实验区	2	会议交流区	
3	专项实验区	4	休息区	

图3-13　弗兰德里奇转化医学中心标准层

综合实验研究区以医学基础研究为主，包括了生物制剂反应实验室和物理治疗技术实验室，并根据实验需求将空间划分为专用型和开敞型，专用型实验室会根据学科特征置入专用性极强的实验设备，而开敞型实验室则倾向于交叉学科的联合实验活动。生物制剂反应实验室主要针对药物制剂的研发，包括菌株及细胞培养实验室、活性物质提取与分析实验室、固定化酶实验室、基因组实验室和药品检测实验室等。物理治疗技术实验室主要研究超声、射线疗法的可行性与优化，如超声微泡疗法实验室、质子重离子疗法实验室等。作为三大功能区的最主要组成部分，综合试验研究单位中对实验室辅助空间设计得十分完善。根据各项实验标准配备消毒室、材料样本室、器械储存室，以及服务于科研人员的休息室、更衣室等，保证了实验活动顺利、有效进行。

癌症临床试验区是根据斯坦福大学医院的优势学科创立的，主要针对受试患者进行相关的病理检测、研究和治疗。该区以临床试验治疗室为主，并且鉴于转化中心的规模较小，大量的临床试验以及常规治疗都有原医院承接，因此没有单独设置转化护理区，而是将转化护理病房、观察室直接与临床实验治疗室相连接，多种必要的检测设备也是直接布置于病房当中。另外，医务科研人员的科研办公室也穿插于该功能组团之中。

由于定位于小规模、高研究效率，弗兰德里奇转化医学中心将转化医学教育与培训作为自身的三大核心职能之一，这也是进一步优化斯坦福医学院的医学教育职能的有效手段。教育培训区以专业理论教室、临床实践教室为主，同时辅以多功能会议室与协作空间等，从多个层面传播与推广转化医学基础知识、操作技巧和研究成果。同时，由于该转化中心规模较小，三大功能区联系紧密，受培训者可以较为便捷地参与到临床试验和基础实验的过程中。从这个层面来讲，整个转化医学中心都具备促进转化医学培训的职能。

综合上述分析，可得美国弗兰德里奇转化医学中心主体功能要素采集、白色要素类型化处理的过程层级图（图3–14）。总体来讲，该转化中心没有完全具备转化医学模式所需的成规模的功能组团，但少量必要功能要素的加入，如若干转化护理病房按需穿插于临床试验研究区，也在一定程度上满足了主体的流程需求；而且该转化中心的定位是与斯坦福大学医院衔接，二者在医疗活动中有交接与沟通，这也是对转化研究与整个治疗过程的一种弥补。另外，本案作为职能单位较少的案例，在转化医学的教育培训方面显示出了特有的优势，小规模、高紧凑度的功能布局，使转化医学知识与成果的传播与推广都具备了有利条件。

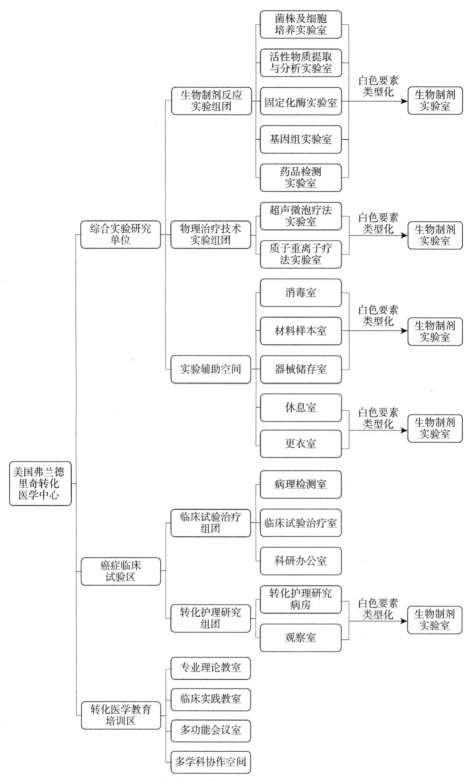

图3-14 弗兰德里奇转化医学中心功能采集过程层级图

3.2.5　澳大利亚墨尔本皇家儿童医院

　　澳大利亚墨尔本皇家儿童医院（图3-15）是一所集基础医疗服务、转化医学研究、健康保健及疾病预防于一体的儿童医疗机构，在功能空间设计上，一方面受转化医学模式的驱动，传统诊疗功能与新接入的基础医学研究、医学实

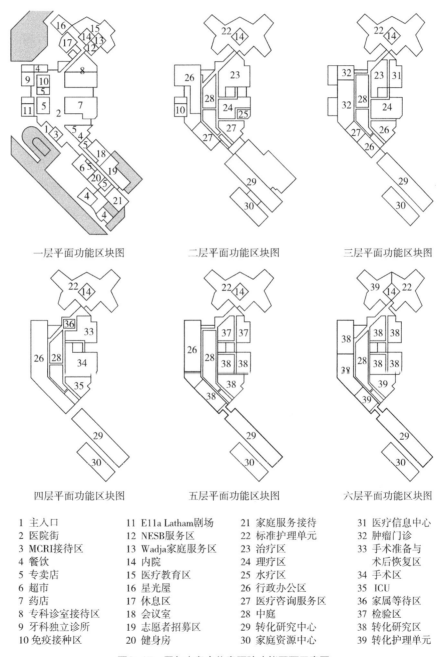

一层平面功能区块图　　　　二层平面功能区块图　　　　三层平面功能区块图

四层平面功能区块图　　　　五层平面功能区块图　　　　六层平面功能区块图

1　主入口	11　E11a Latham剧场	21　家庭服务接待	31　医疗信息中心
2　医院街	12　NESB服务区	22　标准护理单元	32　肿瘤门诊
3　MCRI接待区	13　Wadja家庭服务区	23　治疗区	33　手术准备与
4　餐饮	14　内院	24　理疗区	术后恢复区
5　专卖店	15　医疗教育区	25　水疗区	34　手术区
6　超市	16　星光屋	26　行政办公区	35　ICU
7　药店	17　休息区	27　医疗咨询服务区	36　家属等待区
8　专科诊室接待区	18　会议室	28　中庭	37　检验区
9　牙科独立诊所	19　志愿者招募区	29　转化研究中心	38　转化研究区
10　免疫接种区	20　健身房	30　家庭资源中心	39　转化护理单元

图3-15　墨尔本皇家儿童医院功能平面示意图

验、治疗手段创新紧密相连；另一方面考虑来诊者的多元化拓展需求，在医院的设计中融入了非医疗功能空间，使其就医活动更具便利性，趋向生活化。在上述设计理念下，墨尔本皇家儿童医院最终形成了包括诊治疗养体系、转化研究体系、服务办公体系、商业服务体系和儿童娱乐体系在内的五大功能体系。

　　诊治疗养体系是医疗建筑中最基础、最核心的功能体系，承载着诊断、检查、医治及康复疗养等活动。墨尔本皇家儿童医院将该体系中的门诊分为两类，一类是独立型门诊，如牙科诊所，患儿一般随治随走，不涉及长时间入院治疗的问题，故被布置在门诊综合楼一层，这也是除大药房外，唯一一位于医院一层的核心医疗空间；另一类门诊为承接型门诊，如代谢消化疾病门诊，这类病症的门诊区仅担负着病情初步诊断的任务，后续的检查、治疗、康养则依靠其他功能单元的承接与协作，患儿就诊及治疗时间相对较长，诊疗流线复杂交叉，故布局以门诊综合楼二、三层为主，避免与一层的商业休闲空间产生流线汇聚。医技理疗区围绕承接型门诊布置，保证了流线的畅通与直达性。护理区单独分区，位于北侧住院大楼，但在空间上与门诊区相邻，通过连廊联系交通，既保证了患儿康复疗养环境的独立性与隐私性，也为康复疗养期间的检查测试提供了便捷。门诊楼的四层统一布置手术区，同样是考虑其与各相关功能区块的衔接性，纵向贴近门诊医技区，横向可通过连廊直达术后观察与护理区。

　　转化研究体系包括临床研究区、基础研究区和转化护理区三个主要部分。临床研究区和基础研究区共同担负着个性化治疗方案研究的关键职能，其中临床研究区对受试者进行全面的病理检测与分析，将采集样本和数据结果提交基础研究区进行基础实验，从而拟定针对性的治疗方案，再将治疗方案反馈到临床研究区，对受试者进行监测治疗，以各科专项检测室和临床治疗室为主。两个研究区的区别在于：临床研究区由受试患儿直接参与测试活动，因此布置在门诊综合楼中，位于东楼五、六层及西楼六层，临近门诊区与转化护理区，在保证交通联系便捷的同时，最大限度地减小不相关行为对研究治疗的干扰；基础研究区则无患儿直接参与，主要进行医学基础实验与制剂研发，故单独布置在转化研究中心大楼，除在五、六层设置连廊联系临床研究区外，与其他功能区无直接交通关联。转化护理区位于住院大楼顶层，这样布局的目的同样是考虑其与转化研究区流线组织的便捷性。该区与普通护理单元的差异在于：除必要的疗养病房之外，引入了与之相配套的体征指标分析、辅助康复、应急护理等功能空间，并且在病房中针对病症类型设置相应的体征监测仪器，进行全时体征指标数据监测与采集，以保证患儿在转化治疗过程中的状况平稳且安全。

服务办公体系主要分为行政办公区、医疗咨询服务区、教育培训区和志愿者招募区。行政办公区位于门诊综合楼四、五层，其中四层以开敞办公为主，五层以独立式办公为主，整体的空间划分与科研区相互接近。医疗咨询服务区则布置在二、三层，由咨询大厅和若干能够保证个人隐私的小型咨询室组成。该区不仅针对来诊人员的疑问进行解答，也直接面向公众宣讲与普及医疗知识。一、二层主入口左侧设立教育培训区兼会议中心，空间布局以大型报告厅为主导，周围环布培训教室和中小型会议室，用以交流、讨论、传播转化研究的成果。此外，由于转化治疗具有受试性，接受治疗的患儿都需要以志愿者身份加入，其自身及家属会存在一定的顾虑与压力，因此，志愿者招募中心被融合于一层医院街的商业休闲空间中，这样的设计模式则是考虑以一种轻松闲适的交流环境，来缓解这种精神负担。

商业服务体系主要布局于一层医院街，门诊综合楼南端的中型超市满足了来院患儿、家属以及医务工作人员的日常生活需求；超市临侧是休闲健身空间，供医院使用者锻炼、减压；品牌零售商店、餐厅和咖啡厅等小型商铺贯穿了整条医院街。建筑群最南端的六层旧楼，在医院扩建后整体改为公寓型酒店，配备了洗衣房、厨房、休息室以及室外庭院。儿童娱乐体系中的星光屋和游戏室穿插布置在住院楼的各个护理单元中，为孩子们提供了良好的康复与减压环境。除主题娱乐空间外，在医院街、急诊大厅等开敞型公共空间，还设有大型水族箱，仿微地形游戏场地等各种供儿童观赏、嬉戏的场所，使孩子们时刻都能享受快乐的时光。此外，室外环境当中同样设计了多处主题游乐场地，如花园球场、魔法花园、动物庭园等，以此作为室内娱乐空间的延伸，使儿童娱乐体系全面贯穿于建筑设计之中。

综合上述分析，可得澳大利亚墨尔本皇家儿童医院的主体功能要素采集过程及白色要素类型化处理层级图（图3-16a、图3-16b）。首先，本案功能体系的复杂度高，又由于受众患者的特殊性以及该院自身服务范围的广泛性，引入了儿童娱乐空间和住宿空间。其中，儿童娱乐空间功能要素对于标准的转化医学中心功能体系来讲并非必要。其次，商业服务体系的扩充是HKS对于医疗建筑高端化的典型做法，包括各类商业店铺的引入以及前述住宿空间的提供，对转化治疗的长期性、阶段性有重要的辅助作用。再次，作为转化研究与治疗的核心医疗空间，墨尔本皇家儿童医院的功能空间是比较完善的，从转化医学模式的宏观框架层面来看，都有相应的功能组团与之对应。这也得益于建筑规模

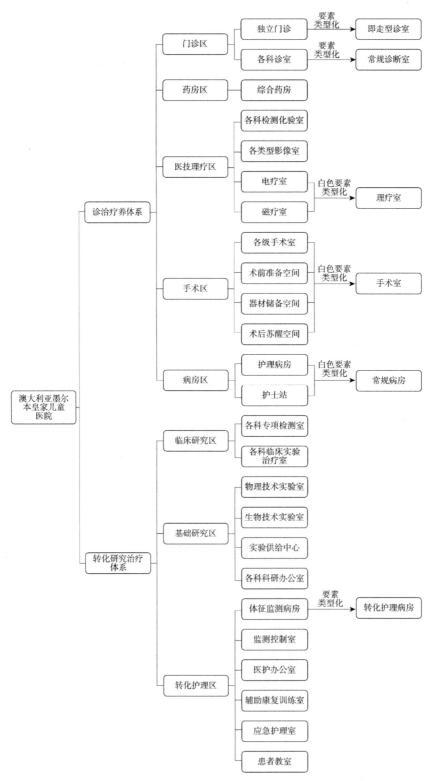

图3-16a 墨尔本皇家儿童医院功能采集过程层级图（诊疗研究部分）

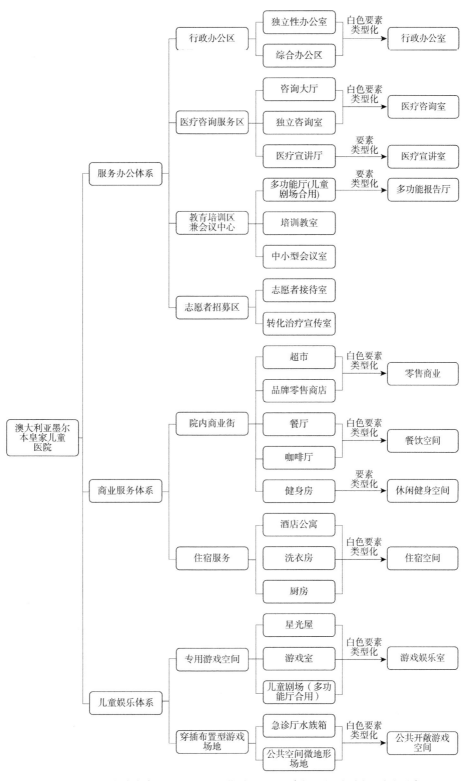

图3-16b 墨尔本皇家儿童医院功能采集过程层级图（办公培训与商娱服务部分）

较大，从而为各类功能要素的引入提供了条件。

3.2.6 中山大学肿瘤转化医学中心设计方案

中山大学肿瘤转化医学中心方案由美国HKS建筑事务所设计，遵循了当前国际前沿的转化医学思想，创新规划布局与医疗服务流程，功能方面以肿瘤的防治为先导，以肿瘤相关学科集群为特色，为不同层次的患者提供了集常规治疗与个性化治疗于一体的转化医学中心。

本案在设计理念中明确提出了现代肿瘤转化医学中心的设计趋势，除基本的治疗空间设计完善合理之外，还需重点考虑以下几点：第一，从患者方面来讲，临床试验与基础实验是其能够接受个性化治疗的根本保证，因此需要将基础研究实验空间融入常规治疗空间；第二，肿瘤治疗是一项高度专项合作的医疗学科，因此在设计中要注意为医护人员提供研究空间、协作空间和会议空间，从而保证个性化治疗方案产出的连贯性；第三，设计应该鼓励家属对病人治疗的参与和支持，同时为家庭成员提供服务措施；第四，非核心医疗空间，如患者教室、心理咨询服务室等，应该作为必要的功能加入，从而使医护人员能够密切关注患者的情绪，保证转化研究与治疗顺利；第五，为全院人员尤其是患者及家属提供完备的商业服务区。基于上述理念，中山大学肿瘤转化医学中心的设计方案是集肿瘤临床治疗、临床试验、基础研究、成果转化、教育培训于一体的功能全面的肿瘤专科转化医学中心，有门诊区、医技区、临床试验治疗区、基础研究区、综合护理区、行政办公区、教育培训区和综合保障区八大功能区域（图3-17）。

门诊区主要位于一至三层裙房部分南侧，以血液肿瘤科、儿童肿瘤科、骨肿瘤科、乳腺肿瘤科、胃胰肿瘤科、结肠肿瘤科等诊室为主，同时也有鼻咽科、头颈科、胸科、妇科、神经科等非肿瘤诊室，此外，中心药房的门诊药房部分也位于该区的入口大厅附近。

医技部一方面与门诊的承接关系比较紧密，另一方面与临床试验治疗区的职能交会较多，因此，空间布局方面不具有集中性，而是根据需要分散地安排在所需的功能组团内，主要包括影像中心、手术中心、内窥镜区、功能检查区等。其中影像中心以CT检测与MRI检测为主；手术中心包含普通手术室与核磁手术室两种类型，并配以必要的辅助空间；内窥镜区以肠胃镜室与气管镜室为主要功能要素；功能检测则包含了心电室与B超室等相关功能空间。

临床试验治疗区中，实验功能组团包括了各细化分类的生物实验室与化学

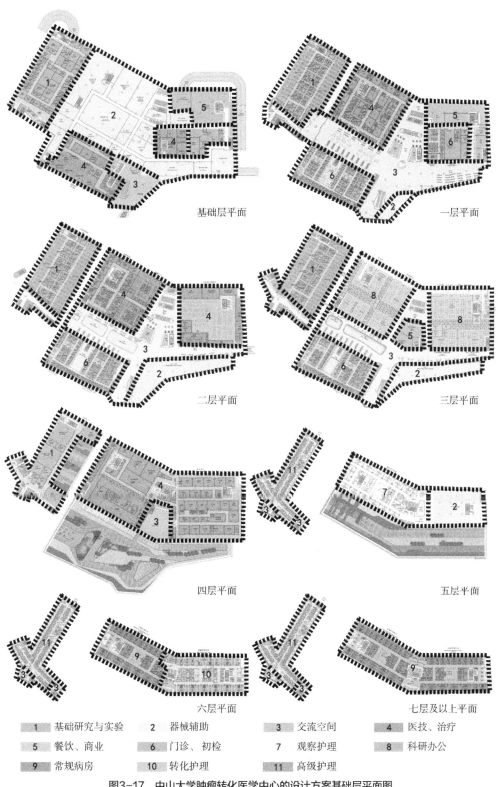

基础层平面

一层平面

二层平面

三层平面

四层平面

五层平面

六层平面

七层及以上平面

1	基础研究与实验	2	器械辅助	3	交流空间	4	医技、治疗
5	餐饮、商业	6	门诊、初检	7	观察护理	8	科研办公
9	常规病房	10	转化护理	11	高级护理		

图3-17 中山大学肿瘤转化医学中心的设计方案基础层平面图

实验室，以此对患者尤其是肿瘤患者的组织样本进行早期的检测分析，得出初步的判定结论，再根据指标等级决定进一步的治疗研究方案。治疗区首先包含了化疗中心，以化疗室和药品准备室为主；其次，放疗中心是由CT模拟技术治疗室和直线加速器设备室组成。无论是化疗区还是放疗区，都配有相应的科研空间，在此通过对针对性方案的探讨来决定病患的治疗方法。

基础研究区依托国家重点实验项目，实验区位于建筑西侧楼。其中，基础层为动物实验区，包括不同规模的动物饲养室、动物实验室、动物治疗室以及相关的消毒清洗室等。一至三层主体空间为各科专业的开敞实验区，如生物实验、化学实验和物理实验，以及多学科交叉协作实验，同时也包含了若干独立的专用实验室。与之相配合，冷冻室、储藏室、消毒室、档案室等，也都在该功能区内进行了对应的安排与布局，以保证基础实验与研究工作的顺利进行。另外，与该区相邻的二层，设有基础研究办公室，空间穿插于临床试验治疗区，与实验区以连廊衔接，使临床研究工作与基础研究工作能够紧密结合，迅速地完成实验研究成果的转化。

常规护理区与转化护理研究区在空间位置上都在四层以上，其中，转化护理研究区布置在四、五层，为的是能够更加便捷地与裙房部分的临床试验研究区联系，其包括了监测病房、急救室、营养调配室、医护办公室、护士站医材配药室和检查治疗室等。标准护理单元中功能要素则相对简化，主要包括常规病房、护士站、医材配药室。此外，该空间区域内包括了中心药房的另一个部分，即住院药房。

教育培训区分为两个部分，一部分为理论教室和临床操作室，该部分与基础研究办公室相邻，能够使转化研究成果的传播具有即时性和便捷性；另一侧靠近行政办公区。另一部分为多功能厅与示教空间，主要承担与外界的沟通交流以及成果展示等活动。

保障部主要由餐饮厨房和库房组成，餐饮厨房一方面提供了公用的咖啡、餐饮等商业性空间，以及针对医院员工的餐厅，另一方面针对病症需求在临床治疗与护理区设置营养搭配室，专门调节患者的营养摄入。库房种类众多，而且布局分散，总体上分为餐饮库房、药物库房、实验器材库房等。

综合上述分析，可得中山大学肿瘤转化医学中心设计方案中的主体功能要素采集及白色要素类型化过程图（图3-18a~图3-18c）。总体来讲，该中心设计方案虽然定位于专科型肿瘤转化医学中心，但实际上也包含了部分其他病症类型的治疗活动。先进设计理念的引入，使得该方案就总体功能要素数量上来

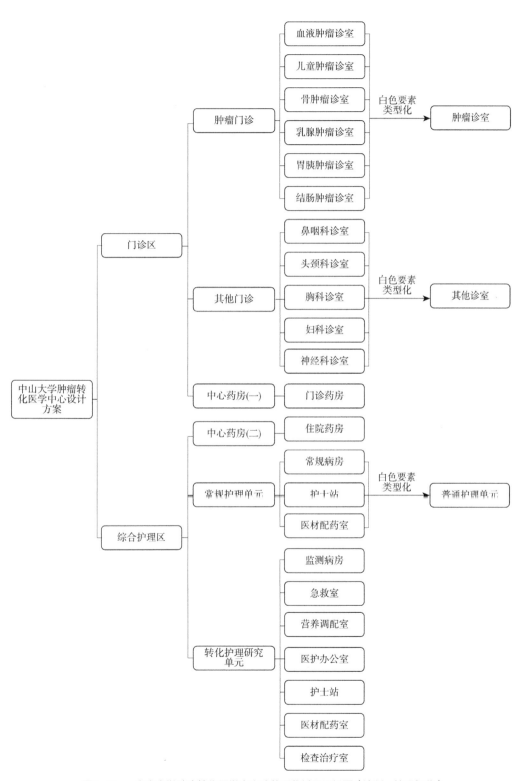

图3-18a 中山大学肿瘤转化医学中心功能采集过程层级图（诊断、护理部分）

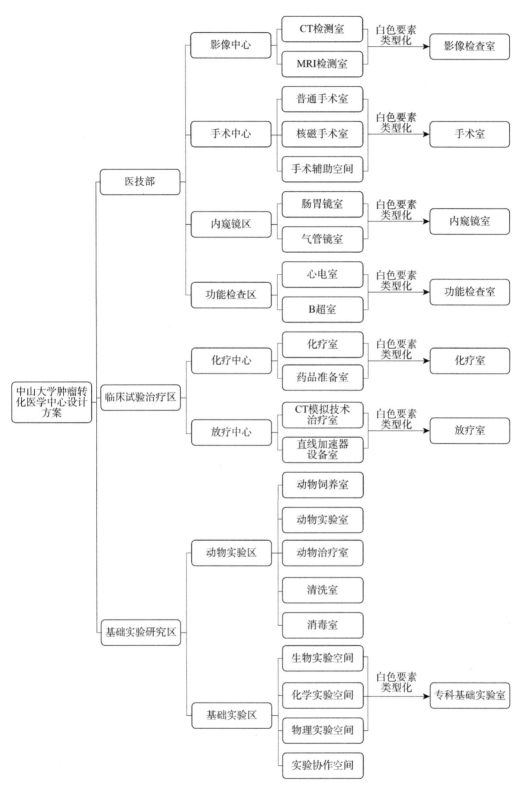

图3-18b 中山大学肿瘤转化医学中心功能采集过程层级图（治疗、实验、研究部分）

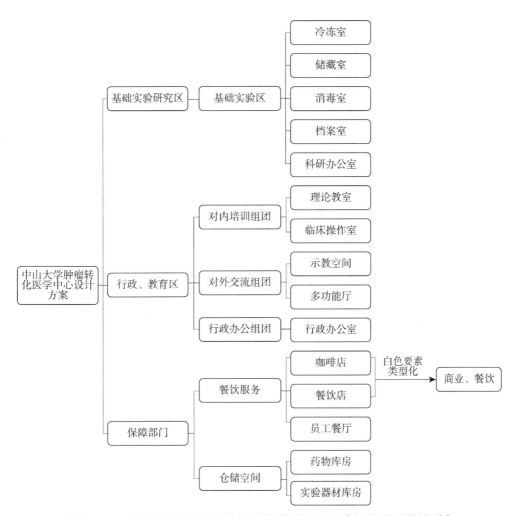

图3-18c 中山大学肿瘤转化医学中心功能采集过程层级图（办公培训及辅助部分）

讲十分庞大，功能类型较为全面。而且由于有国家重点实验室的依托，转化研究与治疗的各个环节都能够顺利衔接，为临床治疗与基础实验研究的结合理念提供了一种标本式参考。在此需要说明的是，本案属肿瘤专科转化医学中心，虽包含其他科室，但对于转化研究与治疗还是以肿瘤为主，因此将各科诊室白色功能要素类型化处理为肿瘤诊室与其他诊室两个类型；另外，放化疗由于治疗方法的特殊性以及有射线等问题，各功能组团中的空间单元都需紧密结合布置，减少与其他功能的交叉干扰，因此分别将其作为单个功能要素看待。

3.2.7 中南大学湘雅转化医学中心设计方案

中南大学湘雅转化医学中心设计方案致力于打造能够提供高质量医疗服

务，并具有数字智能化、高科技与可持续发展特征的综合医院。该方案的设计主旨有两个：一个是医院形态与周边环境融合；另一个是采用高新技术与先进的设计理念打造完善的转化研究与治疗功能体系。在功能体系打造方面，则是针对近年兴起的转化医学理念，引入相关的功能要素，同时重新梳理整合功能空间，对各职能部门的衔接性与可达性重点进行调整与优化。

该转化医学中心前身为湘雅五院，常规的医疗活动仍然是重点，故属于以常规治疗为主、以转化研究为辅的医疗机构类型；同时，由于医技中的部分功能要素本身就与转化医学中心的临床试验与治疗功能有所融合，因此在总体的区域划分上，医技与临床试验治疗区统划为一个功能部门。转化护理区与常规护理区统一布局，主要位于多栋单独的高层部分，同时，一部分基础研究区也位于高层部分，与综合护理区形成了共同的空间组团，这种空间组织模式也是其他转化医学中心中较为少见的形式。健康教育、技术培训以及另一部分实验研究区统归行政区。除此之外，主要的功能区域还有门诊区、急诊区和保障部门（图3-19）。

门诊区包含了综合门诊、健康检查、妇科门诊、心脑血管门诊、肿瘤门诊、呼吸科门诊、骨科门诊等具体的科室。其中，妇产科直接在诊室区布置超声室和智力评估室，骨科诊室区布置支具室和石膏室，呼吸科则有初检室和肺功能室。这三个科室的门诊区功能设计是按照转化治疗的思路安排的，能够在诊断的同时直接给予相应的检测、测试和判断，从而确定该病症是否需要且适合通过转化医学模式进行治疗。

急诊区的功能结构与门诊部类似，同样按照科室进行整体划分，分为成人急诊、儿童急诊、妇科急诊、精神科急诊、传染科急诊等，主要是以各科急诊室和观察护理室为主，另配有急救中心，以抢救室和负压室为主导空间，配合各科急诊室，实际上形成了一套简洁的诊断、治疗、护理流程。

医技部包含了综合医院中主流的部门，各类影像室、功能检查室、血透室、内窥镜室、手术中心以及核医学治疗室。对于优势学科的骨科、呼吸科和妇产科，则提供了用于转化研究与治疗的电生理监测室、细胞愈合实验室、微生物实验室、化学实验室、分娩室、分娩技术实验室等相关空间。另外，未来质子中心属于肿瘤治疗的实验性方法。

综合护理区分为四个主体功能组团，即标准化护理病房、特殊病症护理病房、转化护理病房和高级转化护理研究病房。其中，标准化护理病房由多人间病房和护士站为主体功能空间；特殊病症护理病房包括精神科病房、传染科病

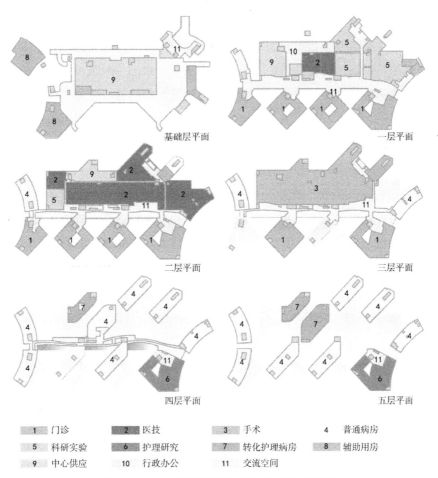

基础层平面　　　　　一层平面

二层平面　　　　　三层平面

四层平面　　　　　五层平面

■ 1 门诊	■ 2 医技	■ 3 手术	4 普通病房
■ 5 科研实验	■ 6 护理研究	■ 7 转化护理病房	■ 8 辅助用房
■ 9 中心供应	10 行政办公	11 交流空间	

图3-19　中南大学湘雅转化医学中心设计方案平面

房、产科病房和肿瘤科病房；转化护理病房是针对转化治疗的病人设置的专用病房，与标准护理病房的区别在于增加了康复训练室和应急处理室；而高级转化护理病房则在此基础上加入了指标监测室、实验空间以及科研办公室，并且将有些实时监测的仪器直接安置在护理病房当中。

行政区包含三个功能组团，即行政办公组团、基础科研组团和教学培训组团。行政办公组团以人力资源、公共关系、信息中心、事务管理等职能部门的办公室及小型会议室为主。基础科研组团呼应综合护理区的科研部门，二者在科研活动上呈现承接的关系，具体包括开放实验室和技术研究室。教学培训组团则以教室、资料室、会议室和事务办公室为主，承载教育培训职能。

保障部门以各类物资库房、商业用房和员工餐厅为主，作为辅助支撑整个转化医学中心医疗活动的正常运转。

综合上述分析，可得中南大学湘雅医学中心设计方案中的主体功能要素采集及白色要素类型化过程层级图（图3-20a~图3-20c）。总体来讲，本案功能体系的特征属于转化医学中心当中偏向临床治疗的一种类型，这也源于其前身湘雅第五医院在地域上的医疗定位，因此，对门诊、急诊等传统医疗功能组团内部要素进行白化处理；转化医学模式的加入表明了湘雅五院对新型医疗模式的尝试与探索，但总体上设计方案偏保守。在转化医学模式的探索时期，这是对前卫的思想与传统做法的一种平衡。在有条件限制的前提下，医院的更新可以参考此做法。该方案中较为不同的功能空间设计手法，一是将转化护理研究区进行了更加细致的划分，这对于针对性护理有重要意义，符合转化医学的治疗思想；另一方面，基础研究与临床试验治疗两个区域没有非常鲜明的空间区域，而是分散于医技区、护理区和行政区，这种细碎化的布局理念与独立成区的做法孰优孰劣，是转化医学中心功能体系构建问题中非常值得探讨的方面。

3.2.8　四川大学转化医学楼

四川大学转化医学综合楼是国家"十二五"规划中国家生物医学转化医疗推进项目的一个组成部分。根据项目描述，该转化医学楼建设的目标在于集合生物医学研究到再生医学，再到临床应用等转化医学的关键环节，从而实现医疗模式的多学科协同、信息共享，促进转化医学核心环节、上下游联合环节以及外延拓展环节共同发展。

四川大学转化医学综合楼自身职能并不具有多职能综合性，它主要承担转化医学流程中的基础研究与实验职能，辅以少量初期临床试验与护理研究空间，同时针对病症需求安排了部分医技功能。而根据转化医学研究模式来看，为了保证安全性，临床试验与护理研究应有多个层级划分，该机构中后期的护理治疗则由四川大学华西医院进行承接，其本身完全不开展常规的医疗业务；此外，由于该楼的建设同样依托了四川大学医学院，故在转化医学人才的教育培训方面同样以职能联合的方式解决。四川大学转化医学楼在建筑空间上主要分为四个功能系统，即转化医学系统、医技系统、学术交流系统和保障系统（图3-21）。总体来讲，转化医学系统是基础研究空间和有限的临床试验护理空间的整合，具体的空间形式则分为联合型开敞实验空间与独立的专用实验室；医技系统是根据研究病症的类型，有选择地引入相关的检查、检验和测试空间，用于配合临床试验治疗；学术交流系统以办公会议空间为主，除了满足

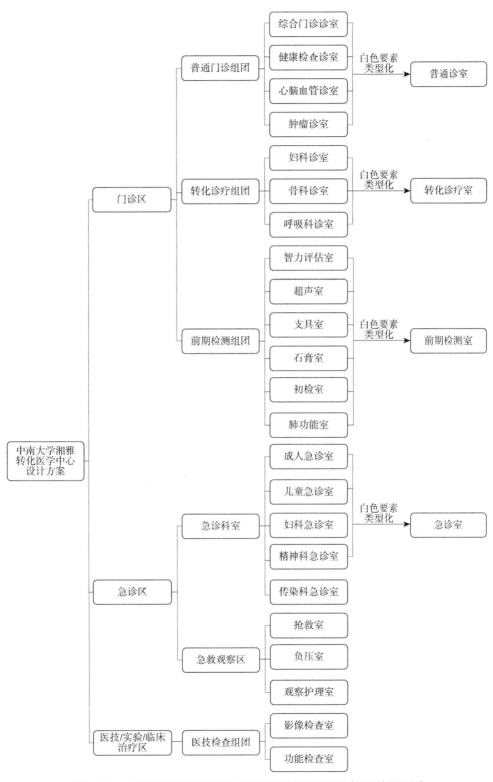

图3-20a　中南大学湘雅转化医学中心功能采集过程层级图（诊断检查部分）

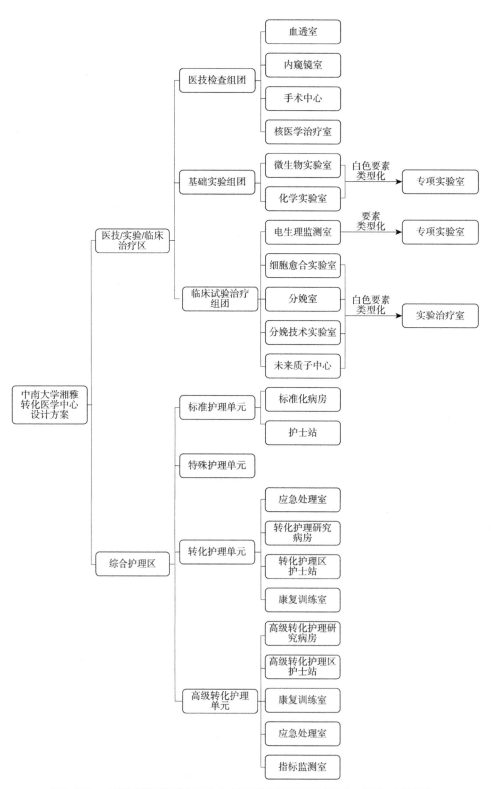

图3-20b 中南大学湘雅转化医学中心功能采集过程层级图（治疗、护理、实验部分）

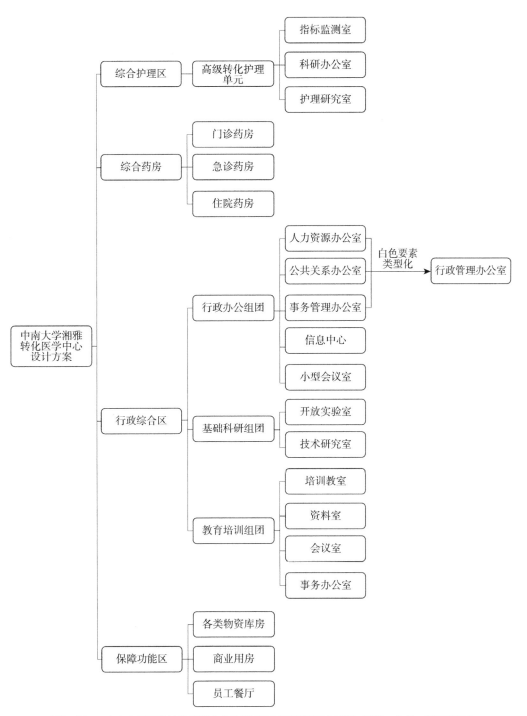

图3-20c　中南大学湘雅转化医学中心功能采集过程层级图（护理、研教、办公、辅助部分）

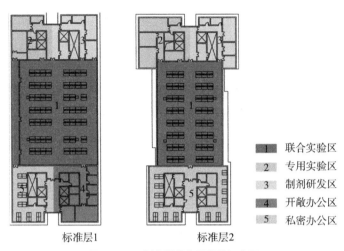

图3-21　四川大学转化医学楼标准层

医务科研人员的科研办公品需求外，也承载了各学科人员的交流活动；保障区则多是必要的辅助空间，其布局一般根据需求灵活布置。

　　转化医学功能系统是整个大楼的核心功能区，在职能的衔接与配合方面起统筹与主导作用，下设精准影像中心、精准医学检测中心、医学实验中心、生物大数据中心、GCP临床试验区、GCP药物研究区、GCP生物制剂制备中心及GCP随访中心。精准影像检测中心是对常规影像检测的升级，主要由SPECT-CT检测室、PET-CT检测室以及PET-MRI检测室构成，能够更加细致准确地了解病理。精准医学检测中心相对于精准影像检测中心而言，更加倾向于检测与实验活动的结合空间；而且，区别于常规医院中的检验中心，其主要从事基础医学问题的检测与研究，如高通量基因测序室、生物质谱测序室、分子诊断检测室等。医学实验中心在本案中主要有干细胞实验室、同位素实验室和动物受体实验室；每个类型的实验室都会根据自身的操作流程形成一系列、具体化的功能空间组团，但其在空间布局方面联系十分紧密，这是工作的精细性要求使然。生物大数据中心是科研办公室的一种具体类型，它融合了当前先进的大数据理念，通过数据分析支持，促进科研活动的开展。GCP临床试验区、GCP药物研究区、GCP生物制剂制备中心和GCP随访中心，是临床制剂试验的一个完整功能组团，承载了从病症深入检测到之后的制剂研发、生产、测试、检验以及不良反应的观察等一系列的医疗活动。在空间载体方面包含有制剂研究室、化学实验室、制剂生产室、临床试验及受试患者护理空间、观察室、恢复室、应急处理室等功能要素。本案中这种功能组织方式，相当于按照GCP制剂研发试验的流程，压缩出了一个小规模的、单项的、完整的转化医学流程。

医技系统主要职能是有选择地设置内镜中心和病理科，用以配合转化医学区的实验研究与治疗活动，该部分功能要素与当代医院设置基本类似。内镜中心包括胃肠镜、食道镜、喉镜以及膀胱镜等。病理科主要是对病情进行初步诊断，在医疗流程上紧密服务于基础研究与临床试验，包括穿刺检查室、活体细胞检测室、脱落细胞检测室、切片检测室等。同时，病理科也需要标本取材室、组织制片室及资料室等配套功能空间。

学术交流系统主要承托转化成果的交流活动，以及成熟制剂和治疗技术的培训推广。本案中以会议中心与培训中心结合的方式处理了该类功能空间的需求。多功能厅可以召开科研会议，也可以用于远程教学和综合讲座等服务。教学培训以专家教室、实践操作室、模拟手术室为主，从理论到实践都能够有效地开展知识技术的教育与培训。另外，本案还提供了沙龙空间，研究人员可以在此进行问题探讨与经验交流，尤其对交叉学科的研究进程有很大的推动作用。此外，该转化医学楼的行政办公区也设置在会议中心临近位置。

保障系统以餐厅、各类仪器设备的终端用房和实验物资的储备用房为主。该转化医学楼由于重点职能在于科研活动，因此主要使用人群多为医学工作人员，不涉及大量的就诊患者，仅有少量受试志愿者使用，因此，餐饮空间以员工餐厅为主，不设商业性餐饮。转化研究实验与精准监测的仪器设备复杂庞大，各类终端用房需要大量的空间载体，这些功能空间一般都会根据各实验室、检测室的位置就近布置，并靠近板型平面的端头位置。实验物资的储备用房指的是不涉及临时存取的大中型仓库空间，用以集中存储实验材料、器械等。

综合上述分析，可得四川大学转化医学楼的主体功能要素采集及白色要素类型化过程图（图3-22a、图3-22b）。总体来讲，本案是依托四川大学华西医院形成的转化医学模式所要求的完整医疗体系，其本身是体系中基础实验与临床试验部分。当然，这个部分是转化医学模式的核心，用以解决医疗成果转化的关键问题。本案体现了基础实验区与临床试验区的详细功能要素。值得一提的是，由于方案的设计实践较近，还引入了近两三年提出的精准医学理念，该理念脱胎于转化医学思想，是对转化医学的进一步延伸与细化。此外，该案例对制剂研发、生产及试验环节的考虑也是本文几个方案中最为完善的，对转化医学中心相应部分的功能要素研究有很高的参考价值。

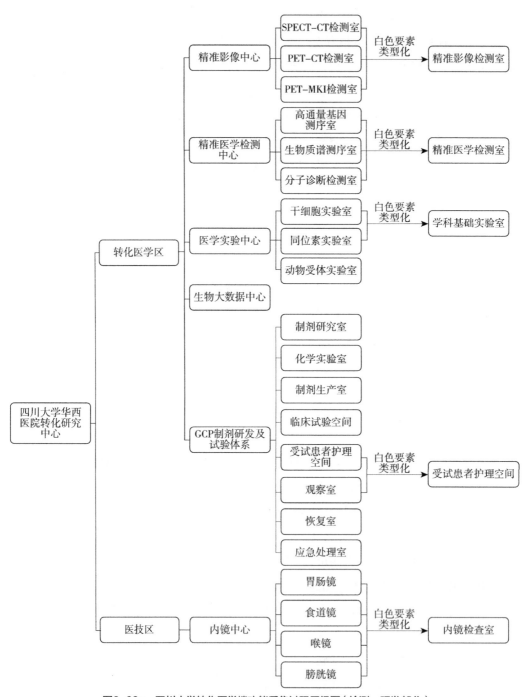

图3-22a 四川大学转化医学楼功能采集过程层级图（检测、研发部分）

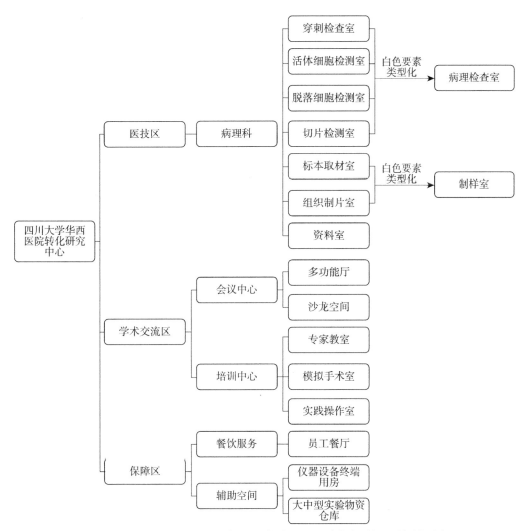

图3-22b 四川大学转化医学楼功能采集过程层级图（实验、培训、辅助部分）

3.2.9 抽取功能要素并整合

本章从前述8个不同职能倾向的转化医学中心实际项目或设计方案采集了对应的功能要素集合，最后将对以上所有要素进行对比、归类，完成功能要素整合。首先，对功能要素大类进行区分，即按照职能特点进行功能区的划分，如临床试验区、转化护理研究区等，根据上述案例的归类方式总结出一个较为完善的功能区体系；其次，对功能区内的各要素或要素组进行对比分析，由于不同的案例中职能相同或相似的功能要素名称有差异，因此，需要对其进行统一整合，如受试患者护理空间、监察病房与转化护理研究病房，都是基于转化研究与治疗的需要而设置的特种病室类型，可统一定义为转化护理研究病房；再次，对于在多个功能区域出现的功能要素，例如办公室分为行政办公、科研办公、医护办公等，则需要对其进行明确的限定。基于上述原则，可以根据前述案例的抽取结果整理出相应的功能要素集合（附表1）。关于整合的功能要素，有以下几点说明。

第一，由于定位差异，在第2、8个方案中，临床试验研究区布置有应急处理室，而在第1、5、6、7个方案中，应急处理室则位于转化护理区，这与功能组团划分的空间关联性有关。第2个方案建筑规模较小，临床试验区与转化护理区临近，应急处理室无论在哪个区域都能有效地提供急救服务；第8个方案倾向于临床试验与基础研究，建筑单体不承载常规治疗职能，患者量少，没有成规模的转化护理区，因此也将应急处理室归于临床试验区；而第1、5、6、7个方案基本上属于常规的临床治疗与转化研究及治疗的双线模式，机构规模庞大，功能区块的空间划分明确，其间的流线较长，因此转化护理区设置应急处理室，以提升护理安全等级。

第二，关于营养厨房/营养调配室。第2个方案将营养厨房安排在临床试验区，第6个方案将营养调配室布置于转化护理研究区，产生这种区别的原因与第一点类似，同样是由于规模与分区的差异使功能布局有所改变，但在后续的研究中，会根据功能关系评判出对应要素之间的优化模式，故在此将其做类型化处理，合并为单项功能要素。

第三，关于科研办公室。多数案例都将科研办公室布置于基础研究区，这是为了方便基础科研实验各环节顺利进行；在第7个方案中，转化护理区包含了科研实验室，这是中南大学湘雅转化医学中心对细分后的高级转化护理区进行的功能升级，从不同的视角出发定位了该功能要素的空间布局。

第四，制剂研发各环节所依托的空间，实验的材料、消毒等辅助空间，以及实验数据信息中心，多数与临床试验区与基础研究区不可分割，或是衔接两个功能区，或是在每个功能区都需要布置。但对于数据信息中心而言，其职能运作可依靠数据信息网络及其对应的终端设备完成，故与其他功能空间的属性有着本质上的差异。

第五，关于患者教室/转化医学宣传室。第5个方案中，患者教室位于转化护理区，目的是使患者能够在治疗过程中随时了解治疗步骤的相关情况，同时兼有心理咨询和疏导的作用；第2个方案中定位的患者教室，实际上与第5、7个方案中的转化医学宣传室类似，主要是对新招募的受试患者进行转化治疗前的知识普及，令其明确转化治疗的流程和意义。

第六，对于案例总结的会议室要素，主要出现在行政办公区和教育培训区。如果分区明确，二者不会交叉使用，此种情况一般适应于规模较大的转化医学中心，或临床、转化医学研究平行发展的转化医学载体。但在分区模糊或两功能区合并的前提下，可以根据情况考虑统一使用，此种情况一般出现于小规模、专科性且以科研为建设目标的转化医学中心。

第七，关于物资库房，主要指中大型药物、器械等库房空间，需要划出单独的空间区域，属于非即时取用的仓储空间，它们对目标空间的物资供应属于批量性、集中型；而小型即时存取的储藏间一般根据使用要求在各功能区穿插布置，与目标空间结合紧密。

第八，对于第5个方案中出现的儿童娱乐功能体系，在功能要素的整理中没有纳入，因为考虑该功能要素组有特定的目标人群，同时又属于非核心医疗功能，对于标准化的转化医学中心功能体系构建参考性较低，在儿童专科转化医学中心的建设中可以借鉴。

3.3 从多维医学模式推演

由转化医学模式进行功能要素的推导，要对转化医学各种模式深入分析与研究，这种推导方式是最为客观有效的，能够准确地提取出所需的功能要素，保证各个环节的衔接不会出现疏漏和断层。具体来讲，转化医学模式分为三大类：转化医学研究模式、职能构成模式和人员构成模式。首先，转化医学研究模式包括了当下主流的2T、3T、4T、4T+转化医学研究模式，这些内容描述的是转化医学研究与治疗流程中各个环节的医疗活动，以及行为活动之间的衔接关系，也就是建筑功能空间所承载的内容，因此，可以直接推导转化医学中心建筑所需配备的功能要素。其次，转化医学职能构成模式包括CTSAs职能构成模式和哈佛转化医学职能构成模式，该模式重点在于阐述转化医疗活动顺利开展所应具备的职能属性，其对转化医学中心建筑功能要素的推导相对宏观，一般会停留在功能组团的层面。最后，转化医学人员构成模式包括哈佛转化医学人员构成模式和克罗蒂里斯的转化医学人员构成模式，这种模式致力于确立转

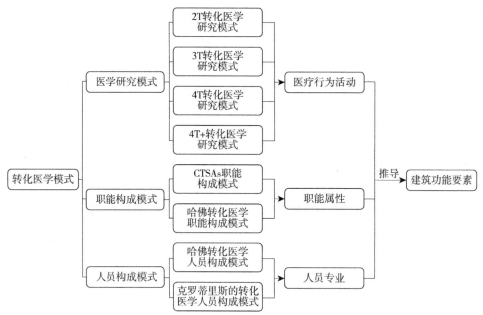

图3-23 转化医学模式类型及推导逻辑

化医学活动所需的人员专业，可通过专业类型间接判定对转化医学中心建筑功能的需求（图3-23）。

3.3.1 2T转化医学研究模式

该模式由美国的南希·S.宋等人从转化医学的基础概念，直观地提出了研究与治疗流程中最为关键的环节，即强调从实验室到病床旁的连接，将基础研究的成果转化为有效的临床治疗手段。T1环节强调"实验室到病房"的交互转化过程，提倡通过对类型化患者病理进行针对性检查、分析、研究，来实现新药物、新治疗设备和新治疗手段的试验与研发。总体过程体现了对患者试验治疗区与研发实验区的需求，其中新药物研发将涉及化学实验室，新治疗设备研发涉及物理实验室，新疗法创新涉及科研办公室及对应学科的基础实验室等。新的治疗内容要验证其实用性与可靠性需要依托患者的临床试验，因此临床试验治疗室和护理空间必不可少，而且由于处于初步的成果验证期，护理空间必需提供高级别的安全保障空间与急救空间等。T2环节是将转化研究成果推行到常规的较大规模的临床治疗与效果验证反馈阶段，这里所依托的仍然是以患者护理空间为主的功能载体，与T1环节不同的是，由于初期试验已经通过，在此需要的是较大量的受试患者，因此护理空间的规模会成倍扩大，此时研究成果的安全性已有一定程度的保障，故护理空间相应的配套空间可以适当简化，但该阶段在严格意义上仍属于测试期，所以护理空间尚不能以普通护理单元替代。综上，2T转化医学研究模式的基本环节及其推导的建筑载体功能要素如图3-24所示。

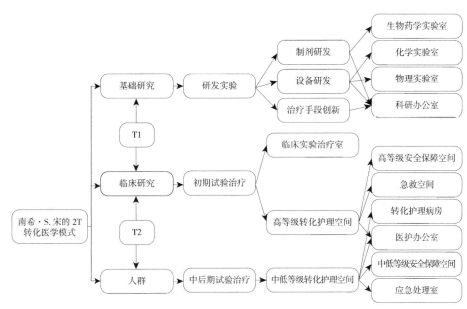

图3-24 南希·S.宋的2T转化医学研究模式及功能要素推导

3.3.2 3T转化医学研究模式

严格意义上的3T转化医学研究模式有两个，一是韦斯特福尔等学者提出的3T模型，另一个是多尔蒂科研团队提出的3T模式；此外，德罗莱和洛伦齐提出了生物医学研究转化流程，其中涉及了三个转化断层，在实际的意义上与前两个3T转化医学模式有共同点。

韦斯特福尔的3T转化医学研究模式中，T1环节定位于向人类转化，即从临床前的动物实验环节转入人类临床试验的Ⅰ、Ⅱ阶段；T2环节定位于向病人转化，即转入以实践为基础的Ⅲ、Ⅳ阶段临床试验；T3环节指的是向临床使用转化，在适当的保障措施下将转化成果使用于适当的人群。该模式提出了对动物实验室、动物饲养室以及相关辅助空间的需求。另外，该模式中提到的临床试验Ⅰ、Ⅱ、Ⅲ、Ⅳ阶段，是制剂研发试验的标准化流程，因此该模式实际上是针对制剂研发所提出的。由于四个临床试验阶段的医疗活动不同，功能空间在配置上也会有所差异，在提供基础的试验治疗空间之外，需按安全等级选择性加入配套空间，如安全保障空间、观察恢复空间、指标监测空间、应急处理空间等。而最后的T3环节则是考虑将转化成果应用于一定规模的受众患者，功能空间需求方面也以低安全规格护理单元为主。韦斯特福尔的3T转化医学研究模式基本环节及其推导的建筑载体功能要素如图3-25所示。

多尔蒂的3T转化医学研究模式虽然在环节上与韦斯特福尔的3T转化医学模式一致，但特定环节的内容却不尽相同。在多尔蒂的3T转化医学研究模式中，T1环节直接指向基础研究与临床疗效的转化关系，即通过基础研究成果在初期临床试验中的反馈，确定新的药物、疗法等是否与病理有对应关系，从而判定转化研究的价值，这实际上属于早期的筛选过程，这种筛选一般不会直接应用于人体试验，而是通过各种实验、模拟的途径在基础实验室或科研办公室完成。T2环节是将有效的研究内容转入临床人体试验，以查看临床效果，这个过程在受试患者数量的定位方面提出了"适当"一词，实际上包含了人数由少到多的多个分支环节，相当于韦斯特福尔的3T转化医学研究模式中T2和T3两个

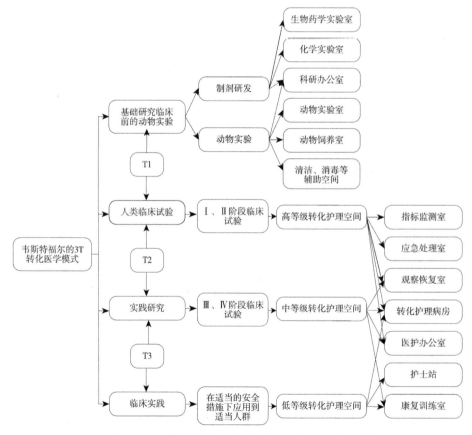

图3-25　韦斯特福尔的3T转化医学研究模式及功能要素推导

阶段，但仅从模型中获取的信息是较为概括性的对临床实验室组团的需求，这也是该模型不甚清晰的环节。T3环节着眼于如何将转化研究成果有效地提供给所有患者，从这个层面讲，即将新药物、新疗法在社会中广泛投入使用，这个过程需要常规的临床治疗机构，比如将当代医院建筑的部分功能空间作为载体才能实现，其中较为重要的功能要素就是普通护理单元。多尔蒂的3T转化医学研究模式的基本环节及其推导的功能要素如图3-26所示。

德罗莱和洛伦齐提出的生物医学研究转化流程，实际上包含了五项内容，分别是基础科研发现、适当的人体试验、安全的临床试验、医疗实践、公共健康。二个转化医学断层出现在前四项内容的推进过程中，第一级转化断层（Translation Chasm 1，简称TC1）是指试验检验临床疗效方面的断层，涉及了从基础科研发现到适当人体应用的转化过程，如何筛选、筛选标准等都是影响基础成果转化的断层，与之相对应的空间载体从模型中反映出来的主要是科研办公室、临床检验室与实验室。第二级转化断层（Translation Chasm 2，简称TC2）指安全性与有效性研究，该断层主要出现在前期人体应用向安全临床应用的转化过程中，如何通过有效的手段或方案，保证研究成果能够在高等级安全系数下，平稳地由小部分试

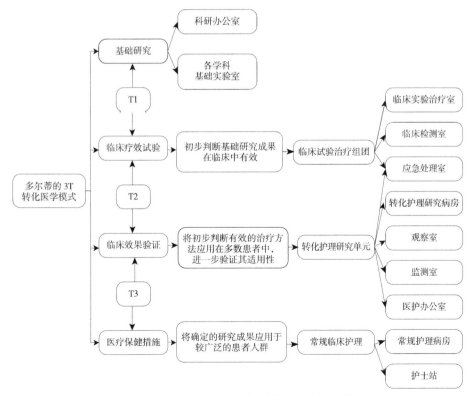

图3-26　多尔蒂的3T转化医学研究模式及功能要素推导

验人群过渡到较大规模的受试群体，这是需要在常规的医学流程中给予重视的关键问题，反映到空间载体上，就是对护理空间的安全等级需求，相应的监测室、观察室、应急治疗室，甚至病房本身也需要通过设置仪器来全时关注患者动态。另外，新药物或疗法需检验有效性，也对护理区提出了科研实验功能的需求。第三级转化断层（Translation Chasm 3，简称TC3）指经过验证的成果普及使用，过程上衔接了安全临床应用环节与临床普及与实践环节，该断层揭示了转化研究实验的整体环节与常规临床治疗护理的必要性，即转化研究功能组团与常规临床医疗机构（如医院）结合，其中最为重要的便是医院中的常规住院病房，这样，在此功能组团当中才能实现转化研究成果的普及使用。此外，生物医学研究转化流程当中的公共健康部分，基本上不会涉及对转化医学自身流程的阻碍，需要的只是将有效的、安全的医学成果投入社会，各大临床医院能够承接即可，该环节如何联系已属于医疗政策和社会学问题，不包含在转化医学研究的阻碍问题之中，因此在模型中无断层出现。德罗莱和洛伦齐提出的生物医学研究转化流程和三断层的基本环节，及其推导的建筑载体功能要素如图3-27所示。

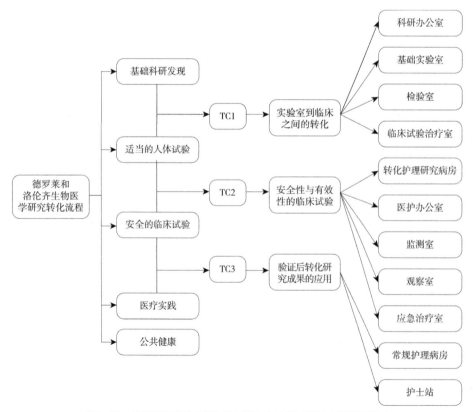

图3-27 德罗莱和洛伦齐的生物医学研究转化流程及功能要素推导

3.3.3 4T转化医学研究模式

4T转化医学研究模式是目前较为完善，也较为流行的转化医学模型，较为著名的有三种，其中两种是由美国哈佛大学和塔夫茨大学的医学研究团体提出的；另外一种是由M. J. 库利研究团队提出的4T转化医学研究模式，与塔夫茨大学相似度较高，只是在转化环节的定位与释义方面有所不同。

美国哈佛大学对4T转化医学研究模式的解释为：T1阶段，向人类转化；T2阶段，向病人转化；T3阶段，向实践转化；T4阶段，向人群转化。T1环节从基础研究转化到人类范畴，这就说明了最起始的研究是实验室的基础研究，包括生物实验、物理实验和化学实验，以及可以单独提出的动物实验。在这个过程中，各学科基础实验室以及科研办公室是基本配置，涉及多学科交叉的科研活动还需要加入协作实验空间；动物实验的功能空间则要比上述类型的基础实验室更为复杂，除了对动物的用药、检测、解剖、手术等有空间需求外，还需配备动物的饲养、观察、消毒清洗之类的辅助空间，这样，整个动物实验流程才能完备；转化到人类环节，此时尚不涉及人体试验，而是通过组织、细胞标本的实验来验证研究成果是否适用于人类机体，那么在功能载体上就涉及生物样本库，以及标本采集、制作、检验的功能组团。T2环节向病人转化，开始进入临床试验阶段，该步骤中的临床试验人群在数量上也是小样本，功能空间倾向于高安全等级的治疗区与护理区，即在临床试验治疗室和转化护理研究病房严格配备监测、应急，以及综合检测和训练康复空间。T3环节向实践转化，则是将研究成果引入临床应用，此时的临床应用仍不涉及全面的患者治疗，而是为了安全保障和有效性检测，以及不良反应的反馈而将临床试验扩大到较为大量的受试人群。功能载体方面，主体治疗室和护理病房的安全性保障空间可以相应减少和弱化，但鉴于该环节是对不良反应反馈的主要采集阶段，因此恢复护理区的起居空间以及生活服务空间（如训练室、测试间、娱乐室、商业空间等）应当强化与完善。T4环节向人群转化，目标定位于人群健康，这时对转化研究成果的应用已普及到常规的临床治疗。对功能空间的需求方面，普通医院的常规护理单元已经可以承载，只要转化研究与治疗组团和常规护理单元能够形成空间的衔接与贯通就可以实现该环节的转化。美国哈佛大学的4T转化医学研究模式是从较为宏观的角度阐述了转化医学流程的运行模式，其各个基本环节及其推导出的建筑载体功能要素如图3–28所示。

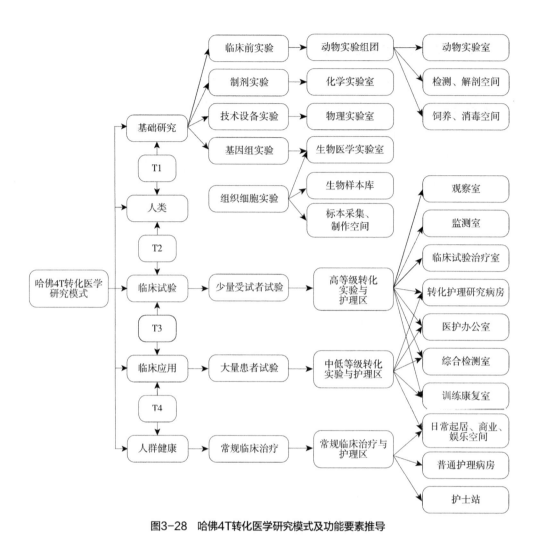

图3-28　哈佛4T转化医学研究模式及功能要素推导

　　美国塔夫茨大学（Tufts University）临床与转化科学研究所对4T转化医学研究模式进行了细致阐述，将过程中的受试患者详细地分类，分为少量病人试验、大量病人试验和普遍人群应用。T1环节是基础研究转向少量病人试验的过程，该过程定位于特定病症的案例研究和Ⅰ、Ⅱ期临床试验，并强调应高度关注试验的安全性与合理性。由该环节出现的关键词"Ⅰ、Ⅱ期临床试验"可以判定，塔夫茨大学的4T转化医学研究模式与韦斯特福尔的3T转化医学研究模式有共通之处，即对转化研究与治疗的过程倾向于新药物研发，因此在功能空间的配备上，应提供制剂研究办公室、化学制剂实验室、制剂生产室、制剂检测室以及制剂管理室；同时，考虑到患者试验的安全性，应配合转化治疗试验室与转化护理室布置高规格的观察监测空间与应急治疗空间。T2环节是将少数病人试验推向大量病人试验，是在初期试验筛选并保证一定的安全性和有效性的前提下，将试验范围扩大，通常为观察性研究和Ⅲ、Ⅳ期临床试验。此时，转化治疗与护理区从规模和安全等级上都会产生一定的变化，一方面是受试患者数量的增多，必然导致治疗室与护理室的数量增多与格局变化；另一方面由于Ⅰ、Ⅱ期临床试验对新药物的安全系数和疗效范围都有了一定程度的把控，因此相应的辅助性安全保障空间可以稍微弱化，弱化的形式可以为取消部分功能空间，或减少特定安全保障空间的数量，从而由更多的核心医疗空间来共享。T3环节关注的是基础科研发现的普适性，也就是通过广泛的人群应用和反馈信息收集，来确定药物是否能够安全有效地投入社会。该环节对于建筑功能空间的需求已经转为常规护理单元，通过大量的门诊临床验证药物广泛使用的可靠性与不良反应。一般来讲，如果有常规医院的依托，则可以其普通护理单元进行承接，同时需保持与临床试验区与基础研究区的信息数据传递，即时反馈新药物的使用状况与患者体征信息。T4环节涉及一系列卫生政策，旨在将转化研究成果进行社会性推广与传播，该环节已不涉及建筑单体或组群的功能问题，因此不做过多的展开。美国塔夫茨大学临床与转化科学研究提出的4T转化医学研究模式中的各个基本环节，及由其推导出的功能要素如图3-29所示。

M.J.库利研究团队提出的4T转化医学研究模式，是以塔夫茨大学4T转化医学研究模式的内容为基础，将其从制剂转化研究与治疗的层面扩展到新药物、新技术、新疗法的综合领域，从宏观层面解释了转化医学流程的四个环节。这四个环节依次为从科研发现到健康应用、从健康应用到循证指南、从循证指南到健康实践、从健康实践到健康评价。从文字表述的层面来看，M.J.库利团队的4T转化医学研究模式与其他模式有所不同，没有落实到医学技术层面，但是这种宏观的释义也同样蕴含了转化研究与治疗的基本流程。科研发现是指基础医学研究成果，这种成果的出现来自基础研究实验，因此，从宏观层面解释，该环节需要各学科的科研空间，尤其是专业性的实验空间。健康应用以其在整体流程中的位置来看，应该着眼于基础研究成果向人类健康转化的初期，也就是早期的临床治疗试验阶段，这样，其对功能载体的需求即是临床试验治疗室与护理室，同时仍然需要设置安全保障空间。循证指南是基于循证医学的基本核心理念，旨在从早期的治疗试验当中挖掘新药物、新技术、新疗法的安全性与有效性，从而有选择地投入到大量病人的治疗与验证过程中，此时对功能空间的需求以护理空间、测试空间和康复训练空间为主，同时，在空间

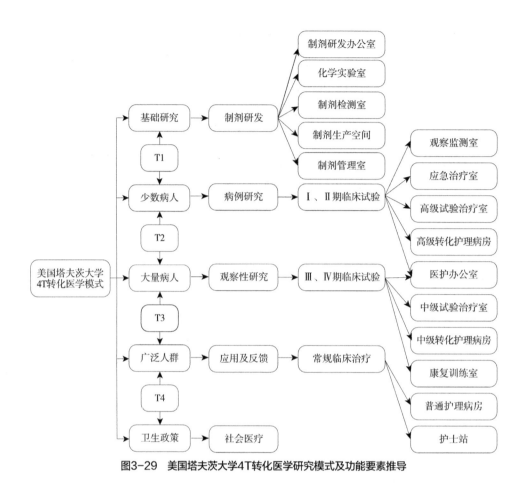

图3-29 美国塔夫茨大学4T转化医学研究模式及功能要素推导

规模上，要能够保证大量受试患者的起居、治疗。健康实践则是全面推进已经得到可靠验证的转化研究成果在常规临床治疗中的应用，其载体以医院的常规护理单元为主。健康评价则是成果投入社会后的效果反馈，主要发生在社会医院的承接应用阶段。M. J. 库利研究团队的4T转化医学研究模式的各个基本环节，及其推导的建筑载体功能要素如图3-30所示。

3.3.4 4T+转化医学研究模式

布伦伯格等人的4T+转化医学研究模式，可以看作是对塔夫茨大学的4T转化医学研究模式的扩充和细化。4T+即是在4T的基础上增加了T0环节，该环节以科学研究为主，具体包括临床前期准备和动物实验，目的在于确定研究机制、靶点和分子导向。临床的前期准备同时指向前期的理论研究工作和基础实验活动，空间需求以科研办公室和基础实验室为主；动物实验的空间载体则与

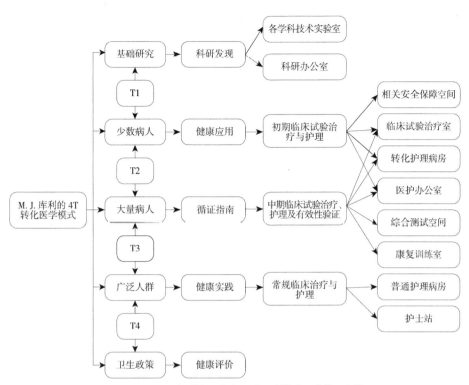

图3-30 M.J.库利的4T转化医学研究模式及功能要素推导

哈佛大学给出的4T转化医学研究模式T1环节相同，以动物的实验、检测、解剖、手术，以及饲养、观察、消毒清洗等功能为主。T1~T3环节相当于将塔夫茨大学的4T转化医学研究模式中的T1、T2环节拆分和重组，T1环节是将基础研究成果转化到人体，进行人体适应性验证和Ⅰ期临床试验，得出新的有效的诊断治疗或预防方法；T2环节是将Ⅰ期试验成果转化到有限患者，通过Ⅱ、Ⅲ期临床试验，进行可控条件下的试验来验证研究成果的有效性；T3环节是将确认有效的研究成果转化到实践应用，进行Ⅳ期临床试验和临床结果修正，为那些适应症患者提供合理及时的治疗。上述三个环节都是以临床试验为基本内容，来逐步确认基础研究成果的可靠性、有效性和适应性等，因此，在功能空间需求方面都离不开实验治疗空间与护理空间，只是在受试患者数量和进阶的安全性上有所差异，因此，配套的监测、应急治疗、康复观察、综合测试空间可以根据护理等级进行增减和调整。T4环节是将经临床验证的研究成果转化到社会应用，保证其广泛使用的可靠性，该环节涉及的载体为社会医院。布伦伯格的4T+转化医学研究模式的各个基本环节及其推导出的建筑载体功能要素如图3-31所示。

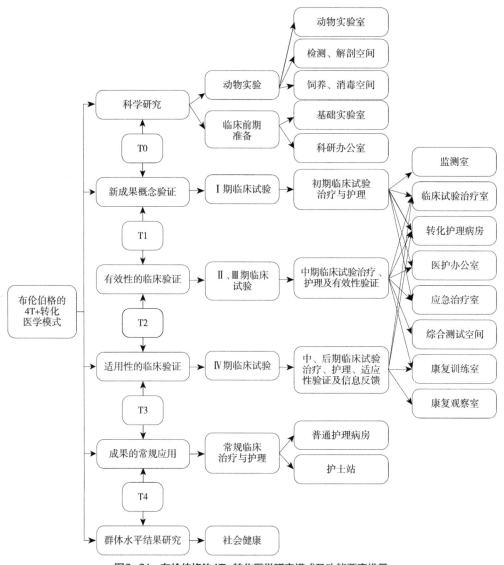

图3-31 布伦伯格的4T+转化医学研究模式及功能要素推导

3.3.5 CTSAs职能构成模式

　　CTSAs职能构成模式对转化医学研究与治疗流程中涉及的职能类型进行了明确的定位，该定位源于美国CTSAs协作网项目的实践经验。CTSAs协作网下有大量的转化医学机构，横跨了多个相关学科类型，包括临床治疗、医学基础研究、医学专项实验、临床护理、医疗教育培训、制药企业以及医疗政策研究等。这些相关的职能部在美国NIH的统筹下，将各自的优势学科或科研领域集中到转化医学的发展进程中，对美国转化医学事业的发展有着巨大的推进作用。虽然该模式是从职能构成的角度来阐述转化医学内涵的，但从其各个机构的衔接与互动中，仍可以发掘出转化医学中心的功能结构，这个推导的过程可以看作是由上及下、由宏观到微观的职能浓缩过程。

CTSAs职能构成模式揭示了转化研究与治疗中的多项任务。首先是生物医药转化研究与交叉学科的整合，要求生物医学研究机构、化学研究机构、制药科研单位和制药企业协同合作。上述职能机构所映射出的主体功能空间则包括了生物医学实验室、化学实验室、科研办公室、实验辅助空间（如器材室、材料室、样本室等）、药学实验室、制剂检验室、制剂生产空间等。其次是根据自身的学科优势开展临床试验治疗，将转化研究成果有效推广到普遍的人群治疗及反馈中。此过程分为两个阶段，第一阶段依靠承担临床试验治疗职能的研究型医院或已建成的转化医学中心；第二阶段则由承担常规治疗职能的普通医院承接。由上述对职能机构的需求以及所要进行的医疗活动来看，不同级别的临床治疗空间与护理空间成为必备空间，非试验性治疗与护理则与常规医院的功能体系类似。再次是对转化医学专业人员的培养，这是转化医学模式在发展初期的一个重要落脚点，新兴的医学模式促成了多种相关学科的协同，而这种协同必然要求专业人员组织并参与，只有这样才能使转化医疗流程各环节的运行以及衔接更加顺畅。

基于此任务的要求，CTSAs职能构成模式提出了转化医学职能机构网络中要有医学教育培训单位，进而开展转化医学专业人员培训工作，一般由医学院校和科研院所来承担；同时，鉴于转化医学研究与治疗流程实践性极强，因此需要保证理论教育与实践教育同步进行，这也就要求转化医学中心单独配置教育培训的功能组团。从医学教育培训所依托的建筑载体来看，理论教室、示教室、操作实践教室是必备空间，同时考虑转化医学的社会性传播与发展，有条件的项目应该设置会议中心与交流空间。综上，CTSAs职能构成模式的职能部署以及由其推导出的功能要素如图3-32所示。

3.3.6 哈佛转化医学职能构成模式

哈佛转化医学职能构成模式也是对转化医学流程进行职能组合的一种平台框架，并非针对转化医学中心的建筑单体。该职能框架立足于转化医学平台建设，并以此为依托集结各学科的专业人员进行协同合作，共同克服基础研究成果向实践应用转化的困难，建设有利于转化研究的硬件设施与软件环境，为转化医学活动提供信息、技术、知识、人力资源等服务，形成一个完整的转化医

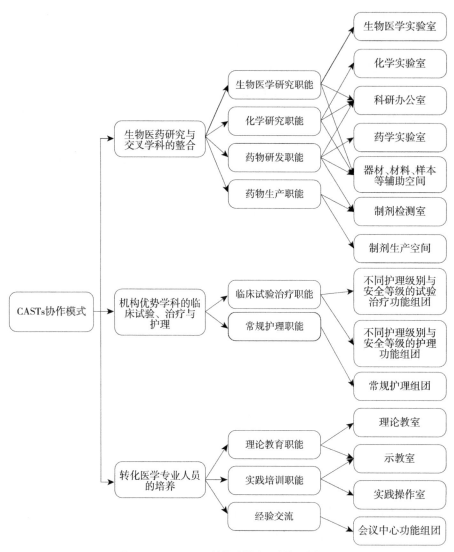

图3-32 CTSAs职能构成模式及功能要素推导

学链条。哈佛转化医学职能构成模式以统筹部门为控制中心，联合多种类型的相关机构，主要包括转化研究信息处理平台、转化研究的实验技术平台、临床医院、转化研究培训中心以及转化研究的资助单位。

转化研究信息处理与共享平台是多职能部门协同合作的信息中转站，无论是基础研究成果的信息，还是临床试验治疗反馈的信息，都在此集散，为所有职能部门共享，以保证整个转化流程透明，任何部门都可以在需要时有针对性地了解研究活动的进展、成果、限制及桎梏等。具体来讲，提供了需要做转化基础研究的成果的信息、供基础研究参考的临床研究成果信息、转化研究队伍的分工协作信息，同时也可以为转化研究提供相关数据并对数据进行处理分析。从空间载体上看，上述职能都可归类于信息中心，具体的功能类型则是信息终端设备间与信息办公或管理室。转化研究实验技术平台主要涉及基础研究与实验活动，这是基础医学研究成果的主要来源，与转化医学相关的各学科基础研究工作都在此展开，哈佛转化医学职能框架对此部分的要求是需具备动物基因操作技术中心、药物筛选技术中心、分子分型技术中心、分子影像技术中心、转化研究相关新技术发展中心以及其他可辅助转化医学的技术中心。具体到建筑载体的功能要素，则对应着动物实验室、基因检测分析室、药学实验室（一般会关联生物实验室与化学实验室）、药物研发办公室、药物筛选检验实验室、分子技术实验室、分子影像检测室，以及相关的新型技术实验室等；同时，对于实验辅助的相关空间，如动物饲养、物资存储、标本制作、药剂生产等对应的功能空间，也要按需设置。临床医院的职能与转化研究实验技术平台紧密相接，目的在于对应用和检验基础研究成果的实用性和有效性，形成研究与实践相结合的二元循环结构，这种基础研究与临床实践的互动并非线性，而是会产生循环往复的医疗过程。在具体的职能需求方面，重点包括临床研究中心、病例资源招募中心以及生物样本库。由此可见，在哈佛转化医学职能框架下，临床医院的定位并非侧重其常规的临床治疗，而是试验性临床治疗。临床研究中心的主体功能空间为临床研究办公室、临床检查室、病理分析室、监护病房、急救室、营养室以及必要的康复训练室等；病例资源招募中心包括患者宣传室、业务办公室和知情同意室，基本上以非医疗活动空间为主；生物样本库功能单一明确，仅以样本类型及属性划分不同的并行空间。设置转化研究培训中心旨在进行各种相关知识的传授以及相关技术的培训，在功能空间的配置上以专家教室、临床示教与实践空间等为主，从而完成对转化医学专业人才的培养。转化研究有资助单位是美国科研机构运营的特征，资助单位主要解决转化医学研究的经费问题，与医学研究本身的流程无关，故不做展开分析。综上，哈佛转化医学职能构成模式及其映射出的功能要素如图3-33所示。

3.3.7 哈佛转化医学人员构成模式

哈佛转化医学人员构成模式确定了转化医学流程当中各环节的专业人员需求情况。人员属性的确定，能够较为直观地映射行为活动空间，也就是建筑的功能要素。哈佛转化医学中心是美国早期建立的一批转化医学平台之一，其人员构成模式是在推进建设的同时总结而出的。由于转化医学流程复杂，涉

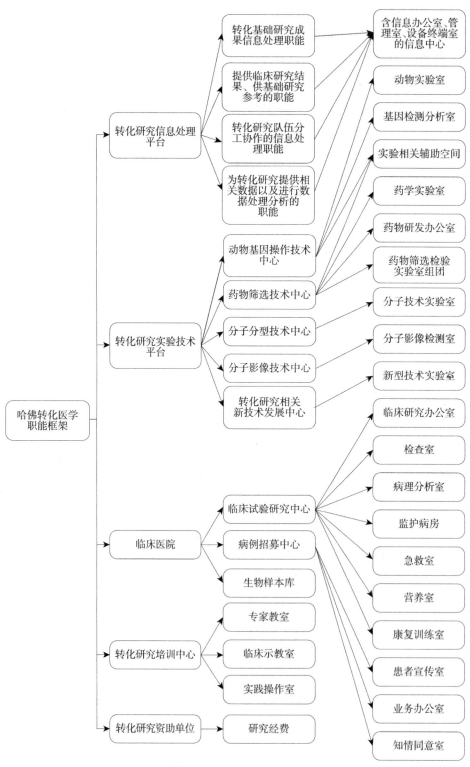

图3-33　哈佛转化医学职能构成模式及功能要素推导

及相当多的学科类别，因此，专业人员配置十分丰富，包括临床医学人员、基础医学研究人员、临床护理人员、医学教育人员、心理学人员、卫生信息学人员及公共卫生政策人员等。其中，临床医学人员又细分为临床治疗人员和临床试验人员；基础医学研究人员又分为生物学研究人员、化学研究人员和营养学研究人员；临床护理人员包括普通护理人员和高级护理人员；医学教育人员细分为理论教育人员和实践培训人员。此外，该人员构成模式还涉及法学人员、神学人员、设计学人员和工程技术人员等，这些专业人员对转化医学中心的建设都有相应的推动作用，但在建成后的中心医疗活动中一般不再承担主体工作或不再参与相关事务，故在此予以省略，不作为关键人员做具体的定性分析。

临床治疗人员的主要工作是对患者进行诊断治疗，其行为空间主要为门诊室和临床治疗室（或护理病房），因此诊室、临床治疗室、护理病房需作为基本的功能空间纳入转化医学中心的建筑功能体系。临床试验人员则对应了临床检查、监测、试验、观察等功能空间。对于基础医学研究人员，根据学科方向的不同，需分别配置生物医学实验室、化学实验室以及营养调配室。临床护理人员按照护理等级实际上是定位了护理单元的等级，护理单元分为常规护理单元与转化护理单元，它们的护理安全保障级别不同。医学教育人员的事务空间根据教学和培训的区别，需要配备理论教室、示教室及实践操作室。心理学专家则针对受试患者在接受转化治疗过程中所产生的心理问题进行辅导教育，载体空间以心理辅导室和患者教室为主。卫生信息学人员主要进行转化医学各环节的信息整合、分析与沟通，空间载体为办公性质的信息中心。公共卫生政策人员主导转化医学研究成果的管理与推广等，属于行政办公的范畴。综上，哈佛转化医学人员构成模式的框架及其映射出的功能要素如图3-34所示。

3.3.8　克罗蒂里斯的转化医学人员构成模式

美国的克罗蒂里斯等专家对转化医学人员团队组织的研究，属于NIH提出的"未来工作路线图"中的核心工作之一。基于对转化医学科研组织运营机制的探讨，克罗蒂里斯等人提出了转化医学整体流程中的人员构成模式。该模式基于转化医学对临床医疗、专业护理、技术支持、教育培训、医疗咨询以及投资管理方面的分析，归纳出以临床试验治疗人员、药物研发人员、药物生产人员、专业护理人员、设备开发人员以及投资管理者为核心的转化医学团队。该团队组织模型提出的时间较早，更倾向于转化医学最为核心的内容，因此临床

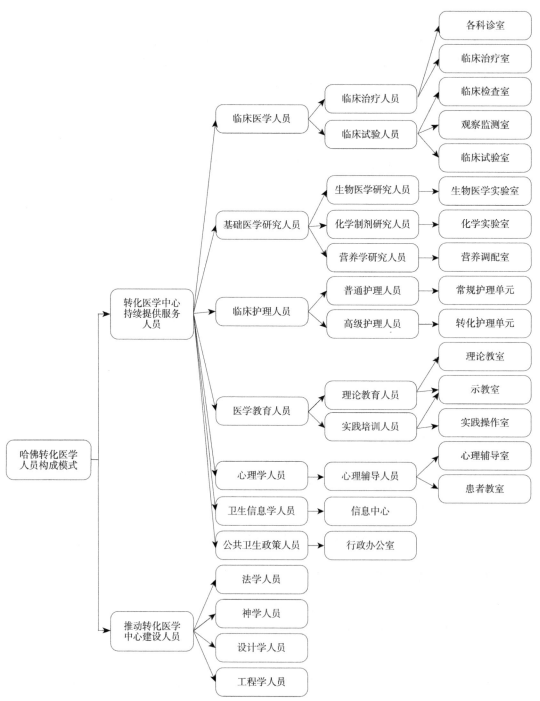

图3-34 哈佛转化医学人员构成模式及功能要素推导

医学人员只包括了临床试验人员，没有单独列举常规临床治疗人员；对于专业护理人员，也是更多地强调了临床试验阶段的高安全等级护理问题，没有提及试验治疗后康复期的常规护理。

具体来讲，临床试验人员对空间的需求定位于临床试验治疗室以及配套的检测室、综合训练室等。转化护理人员则对应了试验治疗阶段的典型转化护理单元，即包含转化护理研究病房、观察室、监测室、应急治疗室在内的功能组团。药物研发及生产人员所需要的功能空间为药学实验室（或化学实验室）、药物研发办公室、药剂检测室、药剂生产与管理空间等。设备开发人员主要是根据临床研究信息反馈，进行医疗设备的改进与开发，一般由相关企业进行职能承接工作。投资管理者属于推动转化医学活动进行的角色，但不参与直接的核心医疗活动，因此对应行政办公区。综上，克罗蒂里斯的转化医学人员构成模式的具体内容及其映射出的功能要素如图3-35所示。

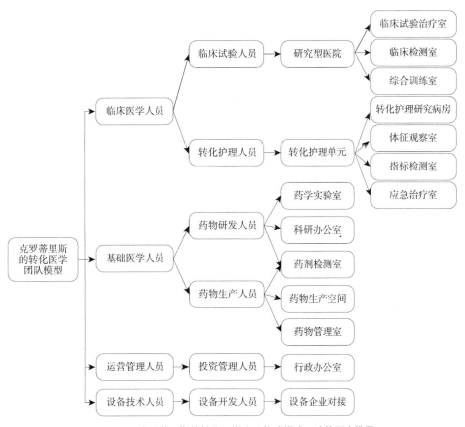

图3-35　克罗蒂里斯的转化医学人员构成模式及功能要素推导

3.3.9 推演功能要素并整合

经过对上述3个类别、12个具体模型的具体分析，已经得出转化医学模式所蕴含的建筑载体功能要素。总体来看，各模式推导的内容都涉及转化医学理念中"从实验到临床""基础研究与临床试验相结合"以及"研究成果迅速转化为临床疾病的针对性治疗"三大核心点。但在具体的操作和辅助完善层面，各模型都有自身独特的切入点，同时，由于理念的类别不同、提出的时间不同、着眼点不同，各模型对转化医学中心功能构建的具体描述与需求存在差异，而这种差异的存在对功能的完善有特别重要的意义，能促进转化医学中心建筑载体功能体系不断完善、不断进步。因此，对12个模型推导结果进行整合，得出转化医学中心建筑载体功能要素集合（附表2）。在此，对表中内容有几点需要说明：

第一，南希·S.宋的2T转化医学研究模式涉及高等级安全保障空间与中低等级安全保障空间，这是笼统的表述方法，具体的功能空间包括了监测室、观察室、应急处理室、康复训练室等。由于高、中、低等级并非各自针对某种功能空间，只是在多种功能空间组合的种类与数量上有区别，因此在表格的归类中难以表达明确，故在此予以说明。同样，在M.J.库利的4T转化医学研究模式也有类似的情况，出现了相关安全保障空间，在表的整合过程中，由于其概念宽泛且不影响最后的功能要素整合结果，故不予以呈现。

第二，哈佛转化医学职能构成模式中的新型技术实验室，旨在为转化研究引进新型技术支持，这是一个模糊化功能要素，对不同的转化医学目标以及不同的病症类型，其存在固有的职能特征，因此在功能要素的整合过程中，无法明确定位其具体含义甚至存在与否，后续的研究需对各项功能要素进行明确的赋分评判，模糊性要素无法进行该操作，故予以省略。

第三，在哈佛转化医学人员构成模式当中，转化护理单元这一功能组团，实际对应了护理研究病房、医护办公室，以及配套的观察室、监测室、测试室、营养室、应急处理室、康复训练室中一种或几种功能空间。此功能组团中功能要素的类型与数量，可根据转化医学中心的定位、经营方向以及规模大小进行适应性调整，但考虑最终功能体系构建的标准性、完整性与普适性，对各功能关系将予以充分保留。

第四，在转化医学模式当中高频出现的急救室/应急治疗室，在功能要素的本质属性上是类似的，之所以归类出两组该类型功能空间，是因为在临床治疗试验与转化护理研究分区明确的前提下，每个功能区都需要配备相应的空间，这是转化医学研究与治疗非常基本的要求。

3.4　功能要素合并

通过对典型建筑案例的采集与转化医学模式的推导，转化医学中心功能要素已分别有了相应的归类。将上述两种方法归纳出的明确的、具体的功能要素作为基本的参考项进行整合，同时根据转化医学中心发展诉求，整合出适合转化医学中心功能关系判定的功能要素（或功能要素组）集合（附表3）。至此，转化医学中心建筑功能要素的提取全部完成。

后续内容将以上述要素为评判对象，探究功能组织关系。在此需说明，提取结果分为"功能要素"和"功能要素组"，功能要素一般指性质单一明确的功能空间；功能要素组则是代表了若干紧密连系的单项功能空间的组合体，这种组合体在内部流程上具有唯一性，衔接关系极为紧密，不与其他医疗环节关联，因此在进行关联性判定时可按整体对待。

第四章 转化医学中心建筑功能关联

转化医学中心功能体系的构建研究，依赖于功能要素的采集与功能关系的判定。本章将以前文研究结论为依据，对数据结果进行全面分析，从功能分区到功能组团，再到功能空间单元，梳理出转化医学中心功能空间衔接的适宜模式，为转化医学中心的建筑设计提供基础的参考。转化医学中心功能体系指的是完全遵照转化医学流程需求，以既得的功能要素集合，组建成的功能结构关系模型。该模型能够完整地反映转化医学中临床治疗、基础研究与实验、药物与技术研发、教育培训以及相关职能之间的运作与衔接情况，但一般不会涉及各类病症的具体功能空间类型，也不会对某种职能有明显的使之主体化的倾向，是一种能够供多数转化医学中心建设项目参考的基础模型。

另外，本章中每个小节所出现的关于功能要素之间紧密程度的判定，如"高度关联""较高关联""中度关联"等词汇，仅在各小节内部具有比对效果，小节之间要素的关联程度按优先级依次降低。

4.1 功能关系量化途径

首先，功能要素关联性的影响因素，即能够从不同层面、不同角度对功能要素之间衔接和布局造成干预的因子。影响因素的介入，是定量化、精细化构建建筑功能体系的重要途径，能够针对功能要素复杂多样的情况做出科学合理的解释。能够对转化医学中心建筑功能要素产生影响的因素，主要集中于医疗活动中，因此最为直接的方式就是从类似的、成熟的相关理论中提取，这种方式准确性和可操作性较高，能够为问题的研究提供有效参考；而提取的最优途径是通过对医疗专家进行访谈，从其转化医学的实践活动中寻求多层面的评判点，并优化总体的因素提取结果。通过上述方法，最终得出6项影响因素，即医疗行为的紧迫度、医疗行为的频度、人员密切度、人员数量、物资供应需求、行为时间长度。

其次，通过专家赋分的方式来分项确定"特定影响因素下的任意两项功能要素（或功能要素组）之间的衔接紧密程度"。具体来讲，赋分过程需要分别提取一个单独的功能要素，再将其他所有要素与之进行衔接程度判定，即首先选取功能要素A为目标对象，依次对"功能要素B与功能要素A的衔接程度""功能要素C与功能要素A的衔接程度""功能要素D与功能要素A的衔接程度"……分别进行赋值；再顺序选取功能要素B为目标对象，此时，功能要素A与功能要素B之间的衔接程度赋值已在之前的步骤中出现，所以从数据要素C开始，依次评判"功能要素C与功能要素B的衔接程度""功能要素D与功能要素B的衔接程度""功能要素E与功能要素B的衔接程度"……；以此规律，再选取功能要素C及以后的功能要素分别作为目标对象进行评判赋值，最终获得各功能要素之间衔接程度数据集合。

最后，引入灰色关联分析模型进行数据处理并获取各功能要素之间的关联性量化数据。其主要步骤为：①根据灰色系统原理，确定转化医学中心建筑功能要素的灰白属性（明确关系为白色要素，不明确关系为灰色要素）；②根据已获得的功能要素集合与影响因素，代入对应的调研数据，生成计算所需的因子序列；③以灰色关联分析模型的核心公式计算出各影响因素与功能要素之间的关联度，获得各功能要素之间关联性最终数据，并对数据进行归类分析，确定数据的优先层级。计算过程数据与最终结果见附表5~附表8。

4.2 相同职能功能结构

根据既得的关联数值层级，首先选取附表8中优先级较高的Ⅰ、Ⅱ级要素，并参照附表3~附表6进行相同职能功能要素的组织构建，完成空间衔接最为紧密的部分。该部分功能结构的构建属于整体功能体系最为核心的部分，是医疗及相关行为活动对紧迫度和频度等要求最为严格的环节。Ⅰ、Ⅱ级优先级范畴中所涉及的医疗职能包括门诊诊断、临床试验治疗、转化护理研究、基础实验研究、教育培训、回访咨询，其所对应的核心功能要素分别为诊室、临床试验治疗室、各级转化护理研究病房、各学科实验室、各类培训教室和回访咨询中心。其中，各级转化护理病房分为高级转化护理研究病房和普通转化护理研究病房；各学科实验室涵盖了化学制剂实验室、生物医学实验室、医疗技术实验室、综合实验室和动物实验室；各类培训教室中的理论教室和实践操作教室是该职能组群有且仅有的功能要素，也自然成为核心要素，其外延行为需靠其他职能组团进行承接。在明确了各核心要素之后，则按照职能分类分别排序相关要素与核心要素的衔接关系。

4.2.1 转化治疗与护理功能要素组群

临床试验治疗职能组群中，与临床实验治疗室相关的功能要素包括药剂调配室、急救室和临床监测室，其对应综合关联值分别为6.413、6.235、5.383。因此，在设计转化医学中心时，以临床实验治疗室为中心的空间布局宜保证药剂调配室衔接最为便捷，急救室其次，临床检测室可相对较远。这种空间便捷性的梯度反映了在临床试验治疗过程中，药剂调配与供应频度很高，而且紧迫度需求也处于较高的标准；急救室在频度方面稍弱，但紧迫性要求却非常高；临床检测一般会在受试患者体征稳定的情况下阶段性进行，因此相对来讲紧迫度和频度都稍弱。

转化护理研究职能组群中，与高级转化护理研究病房相关的有临床监测室、医护办公室、药剂调配室、综合测试间、急救室、护理研究办公室、营养调配室、综合训练室，对应综合关联值分别为7.414、7.183、6.231、6.276、6.432、6.100、5.929、5.443。通过数据对比可以判定与高级转化研究护理病房紧密衔接的功能要素次序。临床监测对于高等级护理患者的安全性来讲十分重要，医护办公在转化护理环节取代了传统住院部的护士站，因此上述两者与高级转化护理研究病房关系最为密切；药剂调配室在患者护理期间属规律性供应空间，综合测试间具有阶段性，急救室的作用并非是提供常规医疗行为，因此在衔接度方面次之；护理研究办公室是按需与患者进行接触，营养调配室对不同病症需求度存在差别，综合训练室就高风险期患者而言，应用频率较低，因此衔接度依次减弱。

转化护理研究职能组群中的普通转化护理研究病房，同样是核心要素之一，与高级转化护理研究病房的区别在于护理安全级别的差异。与其相关的功能要素有临床监测室、综合测试间、综合训练室、医护办公室、护理研究办公室、急救室、药剂调配室、营养调配室和患者教室，综合关联值分别为7.184、6.643、6.528、6.533、6.036、5.714、5.629、5.551、5.301。上述要素的衔接度基本上呈依次降低的趋势。在此，我们将其与高级转化护理研究病房的组群结构加以对比，可以发现高分值数据段，转化护理职能组群中与两核心要素相关的功能大体一致，但是各要素与二者衔接的紧密度有所差异，总体上监测、急救、医护工作空间等与高级转化护理研究病房关系较密切，而综合测试室、护理研究空间与普通转化护理研究病房关系较为密切，同时综合训练室和患者教室也主要倾向于体征相对稳定的普通护理患者。

在此需阐明一个问题，在临床试验治疗和转化护理研究两个组群的要素分析中，出现了共同的关联要素。这种情况说明和两个职能组群的医疗活动衔接密不可分，传统的治疗—护理分设的空间布局思路已经不能很好地适应转化医学流程的要求了。因此，对于上述两个职能组群，可以统归于转化治疗护理职能组群。

在合并后的大组群当中，临床实验治疗室、高级转化护理研究病房和普通转化护理研究病房成为三大核心功能要素，其余要素的布置首先要考虑与核心要素的关系（图4-1）。其次，其余各要素之间也存在高分值的关联标准，因此需要对相应的关联值综合分析并进行衔接调整。通过数据比对，急救室、临床检测室、医护办公室、护理研究办公室、药剂调配室和综合训练室相互之间综合关联值为$5 \leqslant \eta < 6$，应尽量靠近布置；而临床检测室、患者教室综合测试间、营养调配室相互之间以及与前述几个功能要素的综合关联值相对较小，在布局过程中可以安排其居于次要位置。

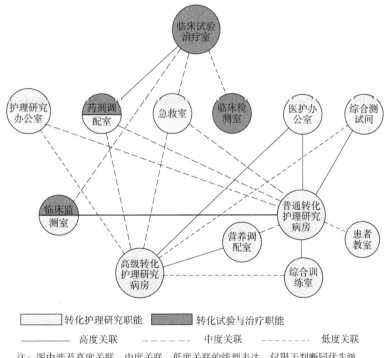

注：图中涉及高度关联、中度关联、低度关联的线型表达，仅限于判断同优先级内功能要素的紧密程度，不同优先级功能要素不可横向比较。

图4-1　转化治疗护理组团功能要素关系图

4.2.2 基础研究与试验功能要素组群

基础医学研究与实验职能组群中，实验室类型较多，且为该组群中并行的核心功能空间，非核心要素相对数量较少。在核心要素中，综合实验室由于涉及多学科交叉研究与联合实验，相对来讲与其他实验室的交互沟通量比较大。而在非核心要素中，如科研办公室会对应每种实验空间，其空间设计模式既可以以分科独立的形式配合实验室工作，也可以集中布置为科研办公区，鉴于本部分研究力图构建转化医学中心功能结构的标准模式，因此对科研办公室采取集中布局的模式进行讨论。在各科实验室当中，较为特殊的是化学制剂实验室，因为该实验室及其配套空间承担着药物制剂研发的任务，本身就有若干环节，因此相关的功能要素较多，包括制剂制备室、制剂检验室、制剂管理室，相应的综合关联值为6.081、6.401、7.175，基本上都属于高度关联项，关联性依次增强。而在Ⅱ级优先级范畴中出现的实验物资供给室，属于辅助型空间，该空间由于定位为即取式小型仓储空间，故不再考虑集中布局的模式，基本上以专用型供给室围绕对应的实验空间布置。由上述分析可得基础医学研究与实验区核心要素以及与其他要素的关系图（图4-2）。

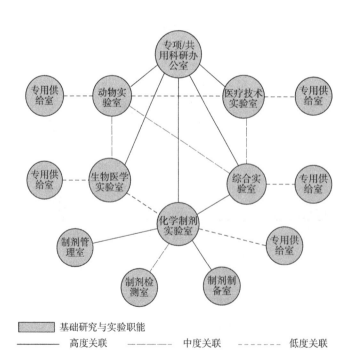

注：图中涉及高度关联、中度关联、低度关联的线型表达，仅限于判断同优先级内功能要素的紧密程度，不同优先级功能要素不可横向比较。

图4-2 基础医学研究与实验组团功能要素关系图

在非核心要素关联性方面，仅有的科研办公室、制剂制备室、制剂检验室、制剂管理室之间的综合关联值为$6 \leq \eta < 7$，分值较高，因此宜就近布置。

4.2.3 其他少要素项的功能要素组群

此外，Ⅰ、Ⅱ级优先级范畴中的职能还包括门诊诊断、教育培训、医疗全真模拟体验和回访咨询。这些职能中，门诊诊断职能缘于本书着眼于转化医疗体系，而对成熟的传统医疗体系做了弱化，即将其内部要素划分为白化要素，故无需再进行判定；而其他职能中要素项较为单纯，多为单类要素形成的功能组团，故也无需判定。根据各功能要素的自身属性，可以初步判断各组群内的要素关联性较高。在此以计算数据进行验证：门诊诊室与门诊初检室综合关联值为7.209，理论教室与实践教室综合关联值为5.253，医疗体验室与医疗模拟室综合关联值为5.694，回访咨询室与愈后病房综合关联值为5.099。可见，门诊诊室与门诊初检室由于职能指向较为单一，且利用率较高（主要体现在门诊初检室），其关联性处于极高的水平；其余三组要素综合关联值都为$5 \leq \eta < 6$，也属于高度关联要素，但由于受众人群的使用，有时可能仅涉及其单项功能空间，因此综合关联值没有达到极高水平（如被人员数量影响因素拉低），但这并不影响其高度关联属性。综上，可用图4-3表示少要素项功能组群内部的功能要素关系。

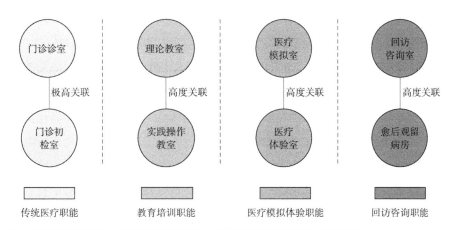

注：图中涉及极高关联、高度关联的词汇表达，仅限于判断同优先级内功能要素的
紧密程度，不同优先级功能要素不可横向比较。

图4-3 门诊、教育培训、医疗全真模拟体验、回访咨询各组团功能要素关系简图

4.3　相近职能功能结构

在本书中，相近职能特指在医疗活动的核心流程中，由于工作侧重不同，或倾向传统医疗，或倾向转化医疗的各种具体职能的总和。根据附表8的层级划分情况，相近职能对应了Ⅲ级优先级中的要素内容，具体分为不同转化医疗职能空间的关联、不同传统医疗职能空间的关联以及两者之间的空间关联。相近职能功能要素结构的构建，需要在相同职能功能要素结构的基础上进行，在结构模型的生成过程中，将对同职能部分图形元素的表达进行省略，以重点突出本环节的研究内容。

4.3.1　转化医疗功能要素组群

将附表8相应区间内容与附表5进行参照比对，可以得出转化医疗职能主要包括转化治疗护理区和基础研究实验区。其中，转化治疗护理区是由临床试验治疗区和转化护理研究区合并而成。在本环节中，由于主要关联矛盾存在于职能组群之间，转化试验治疗职能和转化护理研究职能与基础医学研究实验职能的衔接是独立存在的，因此前两者与后者的关联分析应并列进行，这与"转化治疗与护理功能要素组群"中提到的处理方式不存在矛盾与冲突。具体的分析过程分为三个步骤：第一，将各转化医学职能组群中的核心要素进行关联性比较；第二，将单职能组群中的核心要素与其他职能组群的非核心要素进行比较；第三，对各组群中的非核心功能要素进行综合衡量。

核心要素组群中，先选定临床试验治疗室为基准，与之相关的高级转化护理研究病房、普通转化护理研究病房、化学制剂实验室、医疗技术实验室、综合实验室、生物医学实验室的综合关联值分别为7.129、6.881、5.326、5.095、5.028、4.997。由此可见，转化护理研究组团与临床试验治疗组团的关系更为紧密，综合关联值为$\eta \leqslant 6$，而基础研究实验组团相应各值大部分为$5 \leqslant \eta < 6$，这也照应了转化护理研究组团与临床试验治疗组团合并的判定。由于转化护理阶段的试验行为仅基于临床试验治疗活动进行，不属于基础科研活动，所以转化护理研究与基础研究实验职能组团中的核心要素关系可不予以考虑。综合上述分项结果，可得转化试验治疗、转化护理研究与基础医学研究实验的核心功能要素关联性示意图（图4-4）。

分析单职能核心要素与其他职能非核心要素关联性时，首先，选取临床试验治疗室为基准，转化护理研究职能组群中与之相关的非核心要素包括护理研

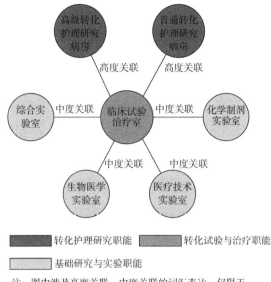

图4-4 转化医疗各职能组群核心功能要素关联性示意图

究办公室、营养调配室、医护办公室、综合测试间和综合训练室，综合关联值分别为6.747、5.926、5.870、5.623、3.533。据此可得，在功能空间布局时，护理研究办公室应优先靠近临床试验治疗室，营养调配室、医护办公室、综合测试间三者次之，综合训练室可置末考虑；基础研究实验职能组群中与之相关的非核心要素有制剂管理室、科研办公室、制剂检测室，综合关联值分别为6.131、6.194、4.878，可知前两者与临床试验治疗室关联性较高，最后者次之。

接着，再以高级转化护理研究病房和普通转化护理研究病房为基准，其中，临床试验治疗族群中的非核心要素基本都与转化护理区共用，在前一小节已经判定完毕，仅需要摭取基础研究实验区的非核心要素进行分析，其综合关联值如下：科研办公室7.291、5.388；制剂管理室5.672、5.346；制剂检测室4.781、4.459。因此，可综合判断上述三要素与转化护理研究核心要素的关系紧密度依次降低。最后，以基础研究实验职能组群中的核心要素为基准，由于临床试验治疗的非核心要素基本都涵盖于转化护理研究组团当中，因此可统一处理。各相关要素综合关联值（若有）为：临床检测室5.515、5.741、5.109、5.372、4.875，临床监测室5.795、5.642、5.560、5.469，综合测试间4.224、3.316，综合训练室3.664、3.410，护理研究办公室3.577、3.473、3.218、3.709，医护办公室3.671、3.644，药剂调配室4.211、3.400、1.776，营养调配室3.531、2.228、

1.539。以上各要素与基础研究实验核心功能空间衔接布局设计时，优先考虑关联数量较多且绝对数值较大的临床检测室和临床监测室；其余要素或关联数量较少，或关联数值较小，则放在次要位置考虑。基于以上分析，可得转化医疗职能组群中核心功能要素与其他组群非核心要素的功能结构图（图4-5）。

转化医疗职能各组群中非核心要素的关联性比较，实际上是对前述核心要素功能结构研究结果的补充与完善，在转化医学中心整体功能体系构建的过程中，用于调整局部的空间布局以及优化功能流线。具体到本环节的研究，仍然涉及临床试验治疗组团与转化护理研究组团合并的问题。在"转化治疗与护理功能要素组群"中，相关的非核心要素已作为合并后的大组团要素完成了关系判定，故在此不重复叙述。因此，本环节需要分析研究的内容，集中在基础研究实验职能与转化治疗护理职能之间的非核心要素关联性评判。相对来讲，基础研究实验区非核心要素较少，以其作为基准要素能够使对比过程简洁化。首先以科研办公室为参考对象，与之相关的要素包括临床监测室、临床检测室、护理研究办公室、药剂调配室、医护办公室、急救室、综合测试间、综合训

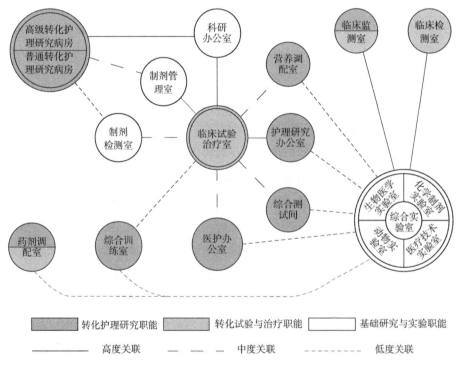

注：图中涉及高度关联、中度关联、低度关联的线型表达，仅限于判断同优先级内功能要素的紧密程度，不同优先级功能要素不可横向比较。

图4-5 转化医疗各职能组群核心与非核心交叉功能要素关联图

练室，对应的综合关联值分别为6.105、5.580、5.488、5.277、4.896、3.404、3.273、1.525。通过数值对比，前五者综合关联值基本上都大于5或者接近5，与科研办公室的衔接为中高联系程度。这些要素多与科研办公室有科研互动、信息反馈等活动衔接，信息的即时性和医务人员之间的往来交流都会受到空间距离和流线设置的影响。而后三者综合关联值仅接近3或以下，在空间布局的过程中，对距离与流线的需求不高，布置的灵活性较强。与制剂管理室相关的要素有药剂调配室、临床监测室、急救室、医护办公室、临床检测室，综合关联值分别为6.114、5.961、5.883、5.259、5.208。可以看出，制剂管理室与转化治疗护理组团中的要素并非全部产生关联，但是相关要素的关联性都为中高程度，这说明制剂管理室在转化医学流程中职能针对性很强。其余两项制剂制备室与制剂检测室基本上只服务于自身职能组群，因此在转化治疗护理组群中并无对应项。由以上分析可得基础研究实验与转化治疗护理组团中，非核心要素之间的功能关联结构图（图4-6）。

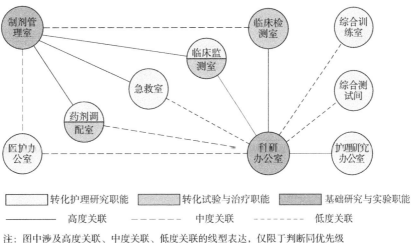

图4-6　转化医疗各职能组群非核心要素关联结构图

4.3.2　传统医疗功能要素组群

相近职能功能结构构建的另一个部分，即是关于传统医疗各职能要素的关联性评判。在此重申一点，即转化医学中心无论从机构类型、建筑类型，还是其所承载行为活动的性质以及现阶段的建设状况来讲，都与医院建筑息息相关，在功能结构方面二者也有很大的重叠。而医院建筑本身的功能结构，尤其是各功能区、各功能组团的空间布局已经非常成熟，因此不再拆解。传统医疗职能的要素提取基本上定位在功能组团层面，或以组团中的核心要素替代，故该环节的关联性评定也主要落实在核心要素这一层级。传统医疗职能中出现的要素包括门诊、急诊、医技和普通护理单元，几者之间互有关联。各要素之间综合关联值基本为$4 \leqslant \eta < 6$，都属于中、高级关联标准，其中仅门诊与急诊的综合关联值较小，为3.733。上述要素在转化医学中心功能体系中，必会与转化医疗相关职能有较为密切的衔接；同时要素自身的涵盖性较强，且要素较少、关系明确，并不涉及职能组群内部要素的关联评判，因此仅对其组团关系进行定位（图4-7），待后续研究分析传统治疗功能空间与转化医疗空间的关联程度时，再综合参考比对二者的关联性，在最终转化医学中心功能体系构建过程中，根据相应数据综合平衡传统医疗功能要素在转化医学中心建筑中的布局。

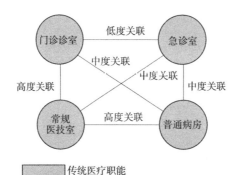

注：图中涉及高度关联、中度关联、低度关联的词汇表达，仅限于判断同优先级内功能要素的紧密程度，不同优先级功能要素不可横向比较。

图4-7　传统医疗职能功能要素关联结构图

4.3.3　转化与传统医疗交叉功能要素组群

相近职能功能结构构建的第三个部分，即是转化医疗职能与传统医疗职能功能要素间的关联性评判。在该环节的分析研究中，应关注转化医疗职能与传统医疗职能中的核心要素衔接关系，两职能非核心要素的衔接关系，转化医疗职能核心要素与传统医疗职能非核心要素的关系，以及转化医疗职能非核心要素与传统医疗职能核心要素的关系。鉴于传统医疗职能内部各项要素关系明确，故对比过程可简化为判定转化医疗职能与传统医疗职能的核心要素关系，以及转化医疗职能非核心要素与传统医疗职能核心要素的衔接关系。

在核心要素关联性评判部分，选取门诊室、急诊室、医技室和普通病房作为参考基准项。转化医疗各职能组群中，与门诊室相关的核心要素包括临床试验治疗室、高级转化护理研究病房和普通转化护理研究病房，综合关联值分别为3.583、1.383、1.740。其中，仅临床试验治疗室与门诊室的关联性较为紧密。其余两项关联性很弱，在综合布局过程中仅供参考。与急诊相关的同类要素为高级转化护理研究病房和普通转化护理研究病房，综合关联值为3.304、3.274，关联性为中等偏低程度。与医技相关的同类要素为医疗技术实验室、临床试验治疗室、高级转化护理研究病房和普通转化护理研究病房，综合关联值依次为4.033、3.965、3.887、3.646。相对门诊和急诊来讲，医技与转化医疗职能部分核心要素的关联强度稍高，达到中等偏上水平，这是由于转化医疗空间中不可能完全复制一个增强型医技部门，部分常规的、基础的非紧迫型医疗活动，仍依靠常规医技部门完成。与普通病房相关的同类要素仍为临床试验治疗室、高级转化护理研究病房和普通转化护理研究病房三项，综合关联值依次为2.862、2.231、5.107。从上述数据可以看出，普通病房仅与普通转化护理研究病房的衔接度很高，这是由转化医学治疗流程所致，受试患者经过试验治疗，随着体征稳定，身体恢复，治疗的安全性逐步提高，会降低其护理等级，而普通转化护理研究病房下一层级的护理是由普通病房来承接的，因此二者的关联性较强。经以上分析，可以得出转化医疗职能与传统医疗职能核心要素的功能关系图（图4-8）。

转化医疗职能非核心要素与传统医疗职能核心要素的衔接关系评判，以

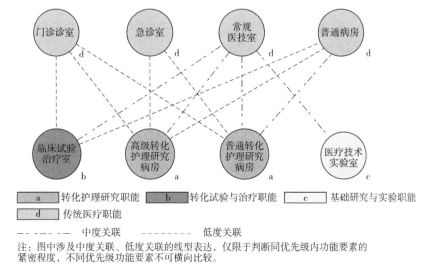

图4-8　转化医疗职能与传统医疗职能核心要素功能关系图

门诊诊室、急诊、医技和普通病房为基准，与之相对应的非核心要素及其综合关联值为：临床检测室为3.652、无、4.470、3.349；综合测试间为1.886、2.282、5.540、3.387；制剂管理室为1.359、无、无、3.904；急救室为无、无、3.026、1.856；临床监测室为1.937、无、3.218、3.021；患者教室为无、无、无、3.091；医护办公室为0.537、2.915、1.926、1.961；科研办公室为0.871、2.625、0.776、0.228；药剂调配室为无、0.532、无、2.580；营养调配室为无、无、无、2.843；综合训练室为无、无、无、2.637；护理研究办公室为0.434、0.518、0.788、1.499。由上述数据可以看出，该层级的要素关联性已经整体弱化，其中仅临床检测室与传统医疗核心功能要素有着较强的衔接度，此外，制剂管理室与普通病房有较紧密的联系，其余各要素关联较弱或基本无关联。因此，本部分所形成的功能关系图，其中微弱（$0 \leq \eta < 1$）的要素关系将不再体现，此类要素关系对功能布局基本上不会产生明显影响。另外，传统医疗区门诊初检室的存在，理论上也是由转化医学的医疗过程决定的，其在空间衔接上与诊室紧密连系，可调整性较弱，因此不再对其进行判定。综合上述分析，可以得出传统医疗职能与转化医疗职能中核心要素与非核心要素交叉对比功能结构关系（图4-9）。

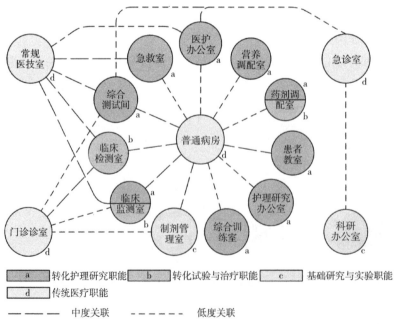

注：图中涉及中度关联、低度关联的线型表达，仅限于判断同优先级内功能要素的紧密程度，不同优先级功能要素不可横向比较。

图4-9 传统医疗职能的核心要素与转化医疗非核心要素交叉关系图

4.4 不同职能功能结构

不同职能在本书中特指医疗职能与非医疗职能，以及非医疗职能之间的关系，对应了附表8层级划分中的Ⅳ、Ⅴ级优先级第二组内容。不同职能功能结构构建的过程，对综合关联值的参考属于整体性参考，因为职能组群内的功能结构已经定型，不同职能要素的关联所影响的一般是组团之间甚至功能区之间的衔接紧密度，因此不同职能功能要素之间的综合关联值不能再根据绝对值的对比进行单项填充，仅能以与特定功能组团核心要素相对应的关联要素组（通常为另一个功能组团当中的各要素集合）的综合关联值总体水平来确定功能组团或功能区的衔接关系，或在功能布局的过程中，且在不影响主体流线的前提下，在自身区域内调节位置关系，以优化相关功能空间的布局。本部分内容主要分析医疗职能与非医疗职能之间的功能关系评定。

4.4.1 医疗与非医疗交叉功能要素组群

根据前文，可直接明确医疗职能的三个主体，即临床治疗护理职能、基础研究实验职能和传统医疗职能。非医疗职能通过附表3可筛选出志愿者招募职能、医疗模拟体验职能、教育培训职能、行政办公职能、会议交流职能及回访咨询职能（严格意义上讲，商业服务、住宿、仓储设备、餐饮等职能也是非医疗职能，但由于在功能要素及关联数据层级划分的过程中将其定义为特殊要素项，因此本节将不涉及上述功能要素）。由于非医疗职能组群中功能要素较为单一，要素项数量也比较有限，很少存在核心要素与非核心要素的差异。因此，在研究过程中不划分核心要素与非核心要素，也能够清晰地表达功能要素之间的衔接关系。

具体的分析过程仍需首先选取特定的要素作为参照项。鉴于非医疗功能要素数量远少于医疗要素，故确定以非医疗要素项为基准。首先，与志愿者招募职能相关的医疗职能要素包括综合测试间、门诊诊室、门诊初检、患者教室，综合关联值分别为5.919、3.218、3.773、2.610。由此可见，志愿者招募职能与综合测试间关联十分紧密，因为志愿者接受受试治疗需要遵循一定的标准，在进入转化治疗阶段之前需要通过特征指标等方面的测试，保障其治疗过程的安全。与门诊诊断室和门诊初检室有中度关联，是由于志愿者中一部分是直接主动参与，另一部分是在常规诊断的过程中根据情况转入转化治疗流程，这一部分人在上述对应空间之间有行为衔接。患者教室的关联性较弱，一般仅在特殊情况下才会涉及志愿者直接参与患者教育活动。医疗模拟体验职能目的在于让待接受治疗的患者提前了解感受治疗过程的各个环节，该职能中的模拟区和体验区出于自身性质及设备布置等方面的原因，一般会集中布置，因此在关联评判中不再做区分。与之相对应的医疗功能空间为患者教室和科研办公室，综合关联值分别为2.435、3.206/2.858，关联数值都不太高，因为该职能区主要面向的是非治疗过程中的人群。教育培训区的实践教室与医疗职能功能要素关联项较多，包括普通转化护理研究单元、医护办公室、常规医技、临床试验治疗室、药剂调配室、营养调配室、普通护理单元、临床检测室、高级转化护理研究病房，以及各学科基础实验室，相应的综合关联值依次为5.705、3.646、3.634、3.208、3.137、3.125、3.425、2.916、0.507、1.225~1.872。由数据可见，实践教室与普通转化护理研究病房的关联性很强，这是由于能够最大限度辅助转化医学培训活动的观察学习空间就是普通转化护理研究病房，相对来讲，高级转化护理研究病房由于安全等级较高，不适合向实践培训活动开放，故其关联性较小。除基础实验室之外，其他各关联要素大多属于中度关联，都起到从各个环节为教育培训提供实践观察机会的作用。各类实验室关联性较低，缘于实验空间自身属性的要求，例如洁净度、干扰度等，不适于长时间大量无关人群的进入。相比之下，理论教室的关联要素较少，仅与营养调配室、制剂调配室、医护办公室、科研办公室有中低度联系，综合关联值为3.011、2.804、3.887、1.308。这其中的联系很少涉及受教育者，多为各科研领域的研究人员的授课活动。行政办公职能属于管理体系，与医疗活动的具体衔接活动极少，仅存在偶然的人员沟通，因此其与医护办公室、科研办公室等少数几类功能空间的关联值也都为$\eta<1$，在空间布局设计时可不做过多考虑。会议交流职能的特征与行政办公职能类似，同样与医学活动交集甚少，集中的交流宣传活动与科研讨论活动并非日常行为，因此其布局模式较为灵活。回访咨询中心可自成体系，但遇到回访患者情况特殊，需进行深度复检时，会与诊室、门诊初检、临床检测室等空间发生联系，根据其综合关联值2.994、2.090、1.430来判断，应属中度偏低的关联性。综合上述分析结果，医疗职能与非医疗职能之间的功能关系如图4-10所示。

4.4.2　各类型非医疗交叉功能要素组群

进行非医疗职能功能要素间的关联性判定时，要素项数量进一步减少，并且同样不涉及核心要素与非核心要素的划分。该部分功能要素本身属于医疗

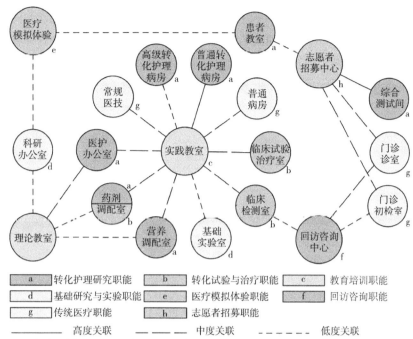

注：1.行政办公与会议交流功能与医疗要素关联微弱，自身布局灵活性较高，故不在此表示。
　　2.图中涉及高度关联、中度关联、低度关联的线型表达，仅限于判断同优先级内功能要素的
　　紧密程度，不同优先级功能要素不可横向比较。

图4-10　医疗职能与非医疗职能之间功能关系图

流程之外的行为载体，因此评判结果在最终转化医学中心功能体系构建的过程中，不应影响已经成型的医疗功能要素关系，其主要作用在于权衡各功能区之间的布局模式。具体的功能要素类型已经在前一小节总结陈述，本小节将对其相互之间的关系进行具体分析判断。

　　首先，选取志愿者招募中心作为基准项，与其相关的非医疗功能要素有医疗模拟区、医疗体验区和行政办公区，综合关联值依次为6.530、6.419、1.558。可见志愿者招募区和医疗模拟与体验区关联十分紧密，这与转化医疗的复杂性、受试性与风险性有很大关系。同时，被招募的受试治疗志愿者应当对全过程有充分了解。模拟体验区能够最大限度地让待治疗者感受转化治疗的途径与环节，因此二者行为活动衔接频度高、人数非常多，也就形成了高度的关联性。在功能布局中，根据两者规模的大小，甚至可以将两区合并。志愿者招募中心与行政办公室的关联性较弱，二者之间的衔接一般仅涉及行政事务。其次，有关联性的功能要素为行政办公室与会议交流中心（综合关联值5.356），以及教育培训职能中的理论教室与会议交流中心（综合关联值3.439）。行政办公室与会议交流中心的衔接主要在于交流活动的举办与组织管理，由此产生直

接的联系，鉴于二者与其他类要素的关联性普遍较低，因此可以直接考虑就近
布置，或进行并区。理论教室与会议交流中心关联性中等，但理论教育教学与
知识传播本身性质类似，因此在无其他因素影响的前提下，可考虑临近布置。
综合上述分析，可得非医疗功能要素之间的功能关系图（图4-11）。

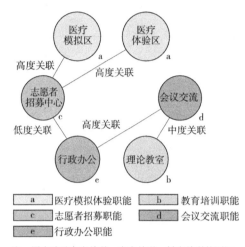

注：图中涉及高度关联、中度关联、低度关联的词汇
表达，仅限于判断同优先级内功能要素的紧密程度，
不同优先级功能要素不可横向比较。

图4-11　非医疗职能间功能要素关系图

4.5　特殊要素功能结构

特殊功能要素在本书中特指对转化医学中心运行起到辅助、支撑和服务作用
的要素集合，对应了附表8中Ⅵ级优先级的内容，通过与附表5和附表3中的内容
进行比对，可得出该类型要素具体包括药房、生物样本库、数据信息中心、商业
餐饮、设备仓库和住宿服务。该类空间的辅助支撑作用是无差别化的（一定服务
范围内），即不会因为被服务要素是否为核心要素而产生差异，因此分析过程不
必划分核心要素与非核心要素。但根据其服务范围可以大体细分为如下两类：第
一类是专门服务于医疗流程，如药房、生物样本库和数据信息中心；第二类是全
面服务于医疗与非医疗流程，如商业餐饮、设备仓库、住宿服务。

4.5.1　医疗服务向特殊功能要素组群

专门服务于医疗流程的特殊要素中，药房所关联的功能要素项包括普通护
理单元、愈后病房、药剂调配室、高级转化护理研究病房、普通转化护理研究

病房、医护办公室、急救室、急诊室、门诊室、门诊初检、临床试验治疗室、回访咨询中心、制剂管理室、制剂生产室、常规医技、护理研究办公室、临床检测室和科研办公室，对应的综合关联值分比为5.012、5.813、5.524、5.340、5.229、5.157、4.895、5.346、4.601、3.011、2.753、2.749、2.184、1.853、1.455、0.981、0.691。综合分析上述数据，药房与护理病房类要素和门急诊关联比较密切，在布局时，若建筑规模较小，且联系较为紧密的功能空间能够通过较近的空间距离和便捷的路径到达药房，则可以将药房集中设置；若建筑规模较大，各关联功能空间独立性较强，则需多药房分设。而除护理病房与门急诊以外的相关要素，都分布于各医疗区之内，并且关联强度不大，一般可以跟随主体要素的布置获得与药房联系的途径。上述要素衔接程度关系如图4-12所示。

与生物要样本库有衔接关系的要素分别为化学制剂实验室、生物医学实验室、综合实验室、动物实验室、制剂检验室、制剂管理室、护理研究办公室、临床试验治疗室、临床检测室和科研办公室，综合关联值依次为5.803、5.398、5.933、6.222、3.726、3.377、4.658、4.659、3.346、3.307。总体来讲，生物样本库专用性较强，与基础研究实验区的各要素空间紧密相关，且关联值都为$\eta \geq 5$；其余关联要素多为科研办公空间和临床试验空间，关联值也都为$3 \leq \eta < 5$，没有关联性很低的要素。所有与之关联的功能都处于转化治疗护理与基础研究实验的职能区域内，因此在布局过程中，生物样本库的区划问题较为明确，只需根据关联性强弱调节组团内部元素即可。上述要素衔接程度关系如图4-12所示。

数据信息中心这项功能要素较为特殊，虽然在数据调研的过程中也对其进行了相关要素衔接程度的评判，但在当今数据信息方式传输网络化的背景下，各职能部门的信息互通基本上已经由科技设备来完成，数据信息中心作为空间载体，仅仅起信息平台和信息中枢的作用，任何需要发送与接收数据的功能空间都会借助信息终端设备来完成数据传输。因此，考虑数据信息中心的职能作用与空间属性，倾向于将其布局在与行政办公区或会议交流中心接近的位置，在满足相关医疗活动需求的同时，又不会阻断其他医疗空间的布局。

4.5.2 综合服务向特殊功能要素组群

服务于转化医学中心整体职能的功能要素中，与商业餐饮相关的要素主要有普通护理病房、会议交流中心、普通转化护理研究病房、高级转化护理研究

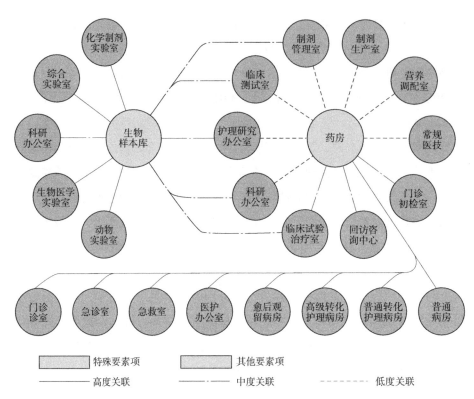

特殊要素项　　　　其他要素项

————高度关联　　　— · — · — 中度关联　　　- - - - - - 低度关联

注：图中涉及高度关联、中度关联、低度关联的线型表达，仅限于判断同优先级内功能要素的紧密程度，不同优先级功能要素不可横向比较。

图4-12　医疗服务向特殊要素与相关要素衔接程度关系图

病房、愈后病房、医疗模拟区、医疗体验区、诊室、回访咨询中心、医护办公室、护理研究办公室，对应的综合关联值分别为5.219、4.883、3.476、3.475、3.726、1.528、1.384、1.882、1.374、0.056、0.355。由上述数据可以看出，商业餐饮职能主要服务于护理区、医疗模拟体验区和会议区，即针对来院治疗和交流的人员，与部分医护科研人员工作空间的衔接则是非常弱的，一般来讲，长期工作人员参与院区商业活动只是偶然性的。商业餐饮与相关要素的功能关系如图4-13所示。

住宿服务是为了满足外来人员阶段性留院的住宿需求，这部分人主要包括陪护家属或参与交流培训的人员。与住宿服务相关的要素包括普通护理单元、会议交流中心、高级转化护理研究病房、普通转化护理研究病房、商业餐饮空间、回访咨询中心、愈后病房，综合关联值为5.230、4.707、3.477、3.295、3.408、0.436、0.359。其中，前四项关联性较强的要素与提供住宿服务的目的一致，而回访咨询中心中，咨询者或患者的即走性较强，对住宿的需求大幅下降；商业餐饮空间与住宿服务空间的中度联系，主要源于住宿人群的间接中转逗留；愈后恢复病房患者体征基本正常，康复疗养成分居多，也不会涉及大量陪护人员，故与住宿服务空间关联性也很弱。综合来讲，住宿服务空间一般可自成功能区，并且住宿行为本身的周期频率极低，故其在整体功能布局中的位置对职能活动无明显影响，在条件宽松的前提下，可根据关联性的强度对比，有倾向性地安排靠近护理区和会议区。由上述分析所得的住宿服务空间与相关要素的关联趋向如图4-13所示。

设备与仓储空间专指大型设备空间和大型集中存取的仓库，是转化医学中心当中关联要素最多的功能要素，同时，由于其空间性质无法植入功能区或功能组团内部，因此不再一一比较各关联值，仅对照附表8和附表5筛选绝对值较高的几项要素进行说明。其中综合关联值$\eta \geqslant 5$的关联要素有医疗体验区、医疗技术实验室、实验物资供给室、动物实验室。另外，医疗模拟区与设备仓储空间的综合关联值为4.969，与上述几项要素十分接近，故一起进行讨论。从空间承载的职能来看，上述要素基本归属于医疗模拟体验区和基础研究实验区，这种关联性缘于模拟体验需要大量的设备器材，基础实验也需要大量的设备器

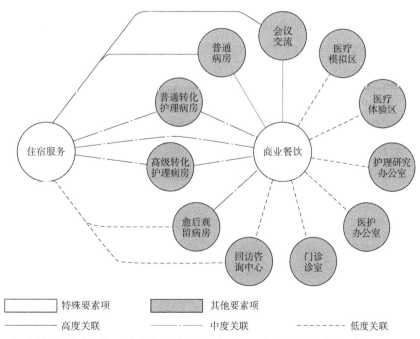

图4-13　综合服务向特殊要素与相关要素衔接程度关系图

材，尤其是各科实验室都配有对应的供给空间，该空间的即时性物资储备也来自综合仓库。一般来讲，大型设备仓储空间位于地下室，布局相对灵活，对其他功能区或功能组团的影响性较小。但考虑到上述高度关联的要素项，在条件允许的前提下，可在布局设计时有意识地调节设备仓储与基础研究实验区、医疗模拟体验区的竖向对位关系。

4.6　功能体系多元模式

转化医学中心整体模式构建分为两部分：一是根据转化医学研究模型确定转化医疗各职能环节的性质，厘清必需型要素、联合型要素和外延拓展型要素的差异；二是根据要素的必要性，根据不同的建设理念与职能倾向进行组合，整合出相应的功能体系组建模式，以满足转化医学中心现实建设中多样性发展的需求。最终的功能体系构建结果将包括简单模式、复合模式和全面模式三种类型。

4.6.1　职能性质划分定位

在采集转化医学中心功能要素的过程中，主导思想是尽可能挖掘更加完善的转化医疗职能环节，使功能要素集合趋向"大而全"，但在实际的项目建设过程中，必然会受建设理念、转化医疗目标等的限定，而产生不同的需求。一部分功能要素必须存在，甚至有目的性地加强；也会有一部分功能要素可以弱化甚至取消。例如，以制剂研发试验为主的转化医学中心，进行转化医疗活动的着眼点在于药物制剂，因此对技术实验研究相关功能空间的需求便极其微弱。同时，根据制剂成果推广机制的差异，也会进一步考虑广泛的人群应用环节是否在中心内部完成，这就涉及是否与传统医疗空间衔接；抑或考虑到知识的传播是否在中心内完成，这又涉及是否设置教育培训和会议交流空间。针对此类问题，在此将从转化医学各类研究模式入手，对相关内容进行归类分析，确定不同的转化医疗职能环节的性质，从而判断各职能环节所对应的功能要素是必需型、联合型，还是外延拓展区型。

功能要素是否必要取决于转化医学研究模式的需求，根据图3-24~图3-31对推导过程的描述，提取主要的医疗职能环节，并分析各环节及具体内容，整理得出附表9。首先，无论哪种转化医学模式，临床试验治疗、转化护理研究、基础研究实验都是必须存在的职能环节，这也就说明了三者是转化医学的核心，实现了"从实验室到病床"的衔接；临床试验治疗与转化护理研究在部分转化医学模式当中，多次出现了职能合并，共同进行多层级划分处理，说明二者的关系十分紧密，可以根据规模大小考虑融合或独立设置；基础研究与实验职能由于自身具有多领域性，因此对于不同的转化研究倾向，出现了制剂实验、动物实验、生物医学实验等多种基础研究类型，根据建设目标和建设理念，基础研究职能可选择必要职能，采取单项或多项引入的模式。其次，转化医学研究的最终目的是致力于提高社会总体健康水平，从这个层面上讲，在"从实验室到病床"的过程结束之后，转化成果的广泛应用与投入社会需要有常规的临床医疗结构承接，那么现代医院中的常规医疗职能（门诊、医技、常规护理等）便可以引入转化医学中心；除了推广物质成果（新药物、新疗法等），还应推广知识成果，专业人才的理论教育和技术培训也是重要的一环，这在转化医学发展的初期具有很重要的意义，因此教育培训功能空间的加入可满足此类需求。此类职能虽然不是转化医学模式中必要的核心内容，但对于促进转化医学快速健康发展，确实有着不可替代的重要作用，可将其归类于联合型要素。再次，转化医学理念及其流程具有一定的特殊性，针对这些特殊性引入拓展辅助型功能空间，能够使转化医疗活动的进行更加顺畅周全。如考虑转化治疗的试验性，设置医疗模拟体验空间，让患者对治疗流程有较为充分的认知，从而减轻精神上的负担和压力；又如考虑多数疾病的转化治疗周期较长，配备完善的商业服务与陪护者住宿空间，能够优化来诊患者及其家属的就诊体验。植入诸如此类的功能要素，对转化医学中心功能体系实现全面性和完整性，有很大的促进作用，这也是转化医学中心未来发展的趋势。归纳整理上述职能性质，可得表4-1，该表中所显示的职能性质，即可以作为转化医学中心类别划分的基础。

转化医学中心职能性质说明 表4-1

职能	性质	说明
临床试验治疗	必需型	可单独设置，或与转化护理研究融合布置且划分不同的治疗等级
转化护理研究	必需型	一般会根据护理研究阶段的特点，划分不同的安全等级
基础研究实验	必需型	具体研究方向多样；动物实验会与其他实验类型统一组团，但空间宜相互独立；制剂研发实验涉及具体空间类型较多
志愿者招募	必需型	职能性质属于办公，但与转化治疗流程紧密相关，不可或缺

职能	性质	说明
传统医疗	联合型	其中的门诊、医技、常规病房都可以承接转化医疗流程的某些环节，尤其是后期对研究成果的广泛应用与推广
教育培训	联合型	承担转化医疗理论知识的教学，以及转化研究现实成果的培训的职能，是医学院及其附属医院便于建设转化医学中心的优势所在
回访咨询	外延拓展型	为受试患者的阶段性回访咨询提供便利，也对志愿者招募起宣传作用
医疗体验	外延拓展型	针对转化治疗的受试特性，为志愿者提供先期的流程体验
行政办公	联合型	协调大型多职能转化医学中心的总体工作
会议交流	按需调节型	在大规模转化医学中心当中可以会议中心形式设置，服务于多种职能；在小规模转化医学中心当中，可以交流区形式服务于研究者讨论交流
数据信息中心	必需型	转化医学内在要求信息有即时性与互动性，数据信息中心解决非人员交接的信息交互
设备及仓储	按需调节型	根据转化医学中心的规模及具体需求安排
商业服务	外延拓展型	优化来诊者及其家属长期居留的体验
住宿	外延拓展型	优化来诊者及其家属长期居留的体验

4.6.2 功能体系简单模式

转化医学中心功能体系简单模式，是指根据转化医学模式的需求，以适应"从实验室到病床"这一核心转化医疗过程为基准，由必需型功能要素构成的医疗载体模式。该模式完全着眼于转化医学的核心医疗环节，根据表4-1中职能性质的划分，其所包含的职能种类有临床试验治疗、转化护理研究、基础研究实验、志愿者招募和数据信息中心，同时根据需求确认是否引入按需调节型职能以及引入形式。上述所列职能中功能要素关系在图4-1、图4-2、图4-4~图4-6、图4-10、图4-12中都有详细描绘，基于上述功能关系以及相关要素所在的优先级可以构建转化医学中心功能体系简单模式。

根据功能关系的优先级，临床试验治疗、转化护理研究、基础研究实验各自内部的功能要素关系属于第Ⅰ优先级。对于分项功能关系，图4-1、图4-2已经明确判定，故不再重新梳理，但鉴于转化护理研究病房的分级数量在实际建设中会有所差异，在最终的简单模式中对其有所体现；另外，基础研究实验职能中，功能关系图中所出现的所有实验类型不一定全部存在，功能体系的整合结果应体现其并行可选性。第Ⅱ优先级中，功能关系同样涉及同职能中的辅助型要素与主体要素的关系，该层面的功能关系同样整合在图4-1、图4-2之中，亦无需重新判定。第Ⅲ优先级对应图4-4~图4-6，其间的功能关系开始涉及不同职能中功能要素的交叉问题，在分项图中已经说明，各图中代表关联紧密度的线型，在不同优先级要素之间不可直接横向比较，因此整合的过程要按需求参照附表6中的综合关联值。在此，以临床检测室与生物医学实验室的最终关系判定为例，二者之间的综合关联值为5.515，属于较高水准，因此在分项功能关系图4-5中表示为高度关联，但在最终功能体系构建过程中，临床检测室与生物医学实验室之间的优先级仅为第Ⅲ级，并且二者属于不同的职能范畴，综合考虑，应将其关联线型降低至中度关联，以免干扰同职能要素的关系表达。据此思路对其他功能要素项进行相同处理，可完成第Ⅲ优先级功能要素与前两级要素的整合。志愿者招募职能与转化医疗职能中功能要素的关系处于第Ⅳ优先级，图4-10中显示与其相关的要素是门诊初检与综合测试，但在转化医学功能体系简单模式中，传统医疗职能门诊没有介入，造成了必需型要素关系中断，在此根据附表6及附表5对应查找，转化医疗职能与门诊初检室相关的要素中，临床检测室与之综合关联值高达5.133；同时根据转化医学流程，门诊初检实际上是临床监测的前期步骤（其存在也是转化医学的要求），二者同为监测职能的不同阶段，故可以将志愿者招募空间与临床检测室直接关联，关联性的判定同样依优先级差异降级。根据分项功能关系定位，数据信息中心一般会与办公类功能就近安排，在简单模式所包含的功能要素中，办公空间有科研办公室、医护办公室等，就行为特点来说，科研办公环境较转化护理研究区更加简明单，因此数据信息中心宜与科研办公室统一布局。生物样本库也需在此模式中考虑，虽归为第Ⅵ优先级，但作为特殊要素应做特殊处理，生物样本库主要用于医学基础实验，尤其是生物医学实验，因此其与基础研究功能组团衔接紧密度较高。

经以上分析，可整合得出转化医学中心功能体系简单模式（图4-14），该模式集合了转化医疗过程中关键步骤的承载空间，能够保证转化医学核心流程顺利进行，适合发展初期新建的、规模较小的转化医学中心。

4.6.3　功能体系复合模式

转化医学中心功能体系复合模式，是指建筑载体在承担转化医疗核心职能的同时，引入了应用和推广后续成果的功能空间，同时为前期志愿者招募提供了新的途径，使之和与转化医学相关的医疗活动集中开展。该模式引入的最典

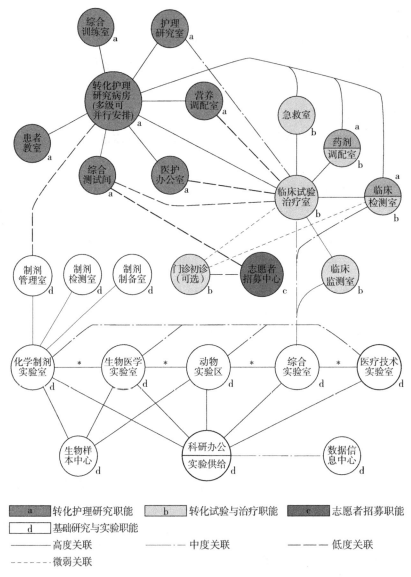

图4-14 转化医学中心功能体系简单模式

注：1. 转化护理研究病房可以根据具体需求划分多个等级，布局时将空间并行排列。
　　2. 图中带"*"的衔接线段所指向的所有功能要素互相都有中高度关联，宜统一布局。

型的职能类型即传统医疗服务和医学教育培训，包括表4-1中的必需型要素与
联合型要素。必需型要素之间的关系在转化医学功能体系简单模式当中已有详
细阐述，因此复核模式的构建过程可以基于简单模式进行扩充，重点分析新增
要素之间的衔接关系，以及新增要素与必需型要素的关联程度，需参考的功能
关系图有图4-3、图4-7~图4-12。

根据附表6的优先级排序，位于第Ⅰ层级的联合型要素门诊与初检室、理论教室与实践教室，由图4-3所示关联十分密切。第Ⅲ优先层级相应内容涉及传统医疗职能要素之间的关系判定（传统医疗功能要素作为白色因素指的是功能组团内部关系明确，但涉及与转化医疗职能联合设计时，仍需要考虑功能组团之间的组合问题），及其与转化医疗职能要素的关联判定，根据图4-7~图4-9，传统医疗各职能组群衔接相对紧密，多处于高关联状态；其与转化医疗各要素的衔接则出现了不同的态势。现以常规医技和临床检测室为例，说明其间关系判定的基本思路：图4-9显示，常规医技室与临床检测室的衔接程度为中度关联（综合关联值4.470），主要体现在常规医技对临床监测的支持和补充，这种衔接关系由于并非转化治疗的必经程序，因此功能要素尚不能渗透到对方的功能组团之中，同时考虑其处于第Ⅲ优先层级，与上层优先级同图出现应采取降级处理，因此在转化医学中心功能要素复合模式中宜定位低度关联。该优先层级的其他要素关系同样遵循该思路进行判定。第Ⅳ优先层级所涉及的联合型要素主要是教育培训职能，该职能中功能要素与医疗要素的关系判定过程与上一层级思路一致，如在图4-10中，实践教室与普通转化护理病房在分项关系判定中衔接相对紧密，在安全等级较高的转化护理区，实践培训活动只能选取其中安全系数较高的功能空间进行，但这仅仅是在同类要素关系的比较下所形成的关系，其间的行为活动会严格受限于转化护理区的医疗安排；同时，两功能要素做承载活动的性质有本质区别（医疗与教育），因此功能空间的安排不会过于紧密；此外，回归到复核模式总体框架中，第Ⅳ优先级的功能关系较于前三个等级，应进行弱化处理，因此最终关系判定为低度关联。根据该思路，同样可得出本优先级其他功能要素的衔接关系。第Ⅴ优先级涉及的联合型功能要素仅有行政办公，该功能的引入一方面参考现行综合医院模式，另一方面考虑复合型转化医学中心规模较大、职能多样，需要有行政职能进行统筹管理。该要素从自身属性来讲与医疗活动关联不大，仅与职能属性近似的志愿者招募区存在联系。从根本上讲，这种联系并非频繁的工作交接，图4-11显示仅为低度关联，因此在复核模式总体框架中做微弱联系即可。对此可理解为，在条件允许时，可以将二者统一布局；若条件不允许，或倾向于将志愿者招募职能靠近转化医疗区时，其与行政办公的相互独立布局也可以成立，能够保证二者的低频事务交接即可。按需调节型要素会议交流职能和设备储藏，同样可根据实际情况进行空间定位。考虑到复合型转化医学中心的规模和举办大型交流会议的需求，可以设置单独的会议中心，以多功能厅和不同规模的会议室组团作为具体的功能元素，其布局可以自身职能属性为标准，靠近行政办公区；大型设备储藏的规模较为自由，位置布局相对固定，对其他要素的影响不大。关于特殊要素中的药房，传统医疗和转化医疗对其都有需求，而对于较大的建筑载体规模和体量，集中药房的设计方法较难协调，因此宜多区布局，提供专项供给。

经以上分析，可整合得出转化医学中心功能体系复合模式（图4-15），该模式除了提供转化医疗过程中关键步骤的承载空间，保证转化医学核心流程顺利进行，还引入了传统医疗职能空间、教育培训空间以及进行统筹管理的行政职能空间，来承接转化医疗核心流程，使转化医学研究与治疗更加完善，适合于规模较大，且有以临床治疗、教育机构（主要是医学院及附属医院）为依托的转化医学中心建设。

4.6.4　功能体系全面模式

功能体系的全面模式，是指根据现行的案例与转化医学需求综合考量，基于转化医学中心功能要素的层级划分和各分项功能结构关系整合而成的功能结构模型。该模式涵盖了转化医疗的核心职能、与之承接的传统医疗职能、传播转化成果的教育培训职能，以及从患者角度进行考虑的提供阶段性回访咨询、医疗体验、商业服务和生活住宿等职能，并且对各类型功能要素间的关联性也做了详细判定，是现阶段完备性较高的转化医学功能体系模型。该模型相较于转化医学中心功能体系的复合模式有了进一步完善和扩充，主要体现在表4-1中所描述的外延拓展型功能要素的加入。

转化医疗必需型职能与联合型职能所包含的功能要素关联性判定在简单模式与复合模式中都已明确，因此在全面模式的构建过程中将不再重述，可参考图4-14、图4-15，需要进行确认的内容集中在外延型功能要素内部，及其与转化医疗职能、传统医疗职能、教育培训职能和行政办公职能的功能要素关系判定。外延拓展型功能要素在第Ⅰ优先级中涉及了医疗体验和回访咨询职能，其内部功能要素类型单一，图4-3给出的描绘直观明了。第Ⅳ优先级涉及医疗体验和回访咨询两项职能与医疗职能中功能要素的关联性，在此选择医疗模拟空间与患者教室的关系判定过程进行说明。在图4-10的分项职能关系定位中，医疗模式空间与患者教室的衔接关系已判定为低度关联（综合关联值2.435），那么根据优先级差异降级的原则，以及医疗与非医疗职能明确分区的原则，在最终整体的全面模式关系表达中，二者的相对关系会大大弱化；实际上二者的衔接主要是为受试志愿者服务，因为两者都是为了增强受试者对转化医疗过程的理解，患者教室虽位于转化护理研究区，主要针对治疗进程中的患者，但其自身空间属性较少涉及安全性问题，因而并不完全排斥志愿者治疗前的参与，故患者教室与服务于志愿者早期体验的医疗模拟空间会存在低频率行为衔接。但这种衔接紧密度极低，功能要素间仅保证微弱联系即可。同层级其他要素关系判定遵循该思路即可得出相应结果。第Ⅴ优先级主要需判定医疗模拟体验区与志愿者招募中心的关系紧密度，图4-11分项功能关系图中显示，医疗模拟空间和医疗体验空间与志愿者招募中心都具有高度的关联性（综合关联值为6.419、6.530），按照低优先级功能关系降级原则，在全面模式综合模型中，这种关系紧密度应大幅降低；而通过全局考虑所有功能要素之间的衔接关系，发现，医疗模拟体验和志愿者招募由于同为非医疗职能，总体上与功能关系复杂的医疗职能区关联很少，同时二者在职能属性方面有着前后承接的关系（医疗模拟体验即为了加强受试志愿者对转化医疗流程的认知而设置），因此可适当加强对衔接紧密度的表达。事实上，由于二者与其他要素的关联限制（较少且较弱），即使对关联性进行大幅度降级处理，也不会影响二者衔接紧密的优势。第Ⅵ优先级中要判定功能关系的外延拓展型功能要素主要是商业服务和住宿服务，根据图4-13的描述，由于二者同为综合服务向功能要素，因此与多种医疗和非医疗要素都会产生联系，其中商业餐饮服务尤甚。在此以商业餐饮为例进行说明，该职能服务于各类型护理病房、会议交流区以及医疗模拟体验区等多达11项功能要素，由于这些要素在建筑载体中极为分散，并且商业餐饮服务作为外延拓展型非医疗要素，不宜穿插在各个功能区之中，故宜选取其中关联性较强的少数要素项，来合理安排商业餐饮服务区的位置。由图4-13可知，商业餐饮服务与普通护理病房和会议交流区关联性最高，因此在功能体系全面模式的表达上，选取上述两要素与商业餐饮服务职能进行衔接。关于衔接程度的表达，鉴于衔接关系跨越功能分区，同时这种关系也并不具有绝对性（对于建设客观条件不满足的情况，可参考分项功能关系图4-13进行重新权衡选择），因此定位中度或者低度关联。

　　经以上分析，可整合得出转化医学中心功能体系全面模式（图4-16），该模式汇集了当前转化医学研究模式表层和内在需求的各项职能要素，从转化医疗核心流程、前后医疗行为衔接、转化医疗的传播发展、来诊者的物质精神需求考量等多个层面进行了功能空间的安排，并确定了其间的衔接关系，适合于规模较大、等级较高、功能全面的转化医学中心建设，是未来转化医学中心建筑发展的高级模式。

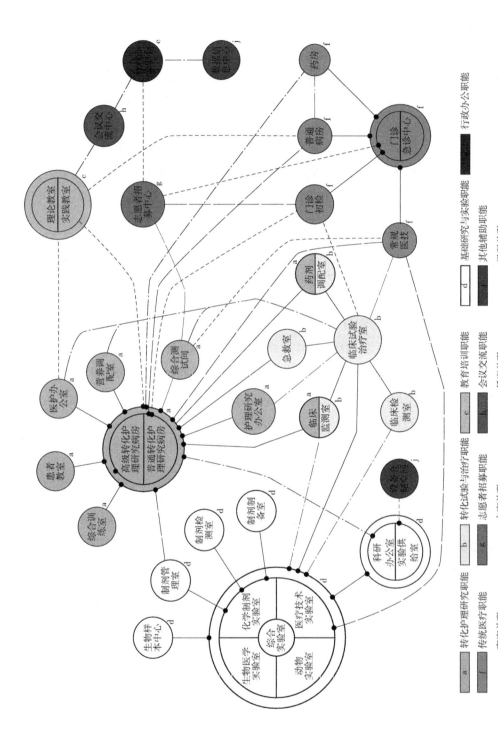

图4-15 转化医学中心功能体系复合模式

注: 1.双环形要素中所包含的多项功能要素都有紧密连系, 或在布局时往往一划之。其他要素与双环内多项或所有要素有关联性;
具体的关联项可参与分项功能关系图; 与内环相连处区内邻近的单项要素有关联性。
2.为了提高最终功能体系模型的清晰度和实用性, 在分项功能关系图中优先级降级而导致功能关系极度极低的要素, 由于优先级降级的过程中, 将不再体现。此部分功能关系若确有参加必要, 则可以分项功能关系图进行辅助。
以及原始关联度值本身就非常低的要素 (η<1), 在总体模式图中将不再体现, 此部分功能关系若确有参必要, 则可以分项功能关系图进行辅助。

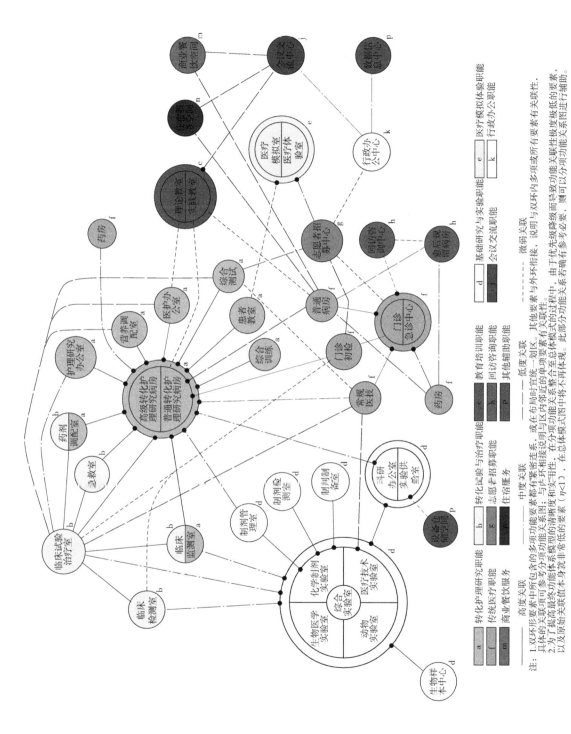

图4-16 转化医学中心功能体系全面模式

注：1.双环形要素中所包含的多项功能要素都同等密切关系，或在布局时暂统一划区，其他要素与外环衔接，说明与双环内多项功能关联性极低或呈弱关联性。
具体的关联项可参考分项功能关系图；与b环相接说明与b环相近的单项要素有关联性。
2.为了提高最终功能体系模型的清晰度和实用性，在分项功能关系整合至总体模式的过程中，由于优先级降级而呈致功能关联性极低的要素，以及原始关联性本身就非常低的要素（n<1），在总体模式图中将不再体现。此部分功能关系图则进行辅助。

附　录

案例采集功能要素整合表

功能区	类型化功能要素整合	建筑案例							
		方案8 四川大学转化医学综合楼设计方案	方案7 中南大学湘雅医学中心设计方案	方案6 中山大学肿瘤转化医学中心设计方案	方案5 澳大利亚墨尔本皇家儿童医院	方案4 美国弗兰德里奇转化医学中心	方案3 美国凤凰城儿童医院	方案2 美国佛罗里达转化医学中心	方案1 宾夕法尼亚大学转化医学中心
门诊区	普通诊室	—	普通诊室	其他诊室	各科诊断室	—	诊断室	各科诊室	各科诊室
	转化型诊室	—	转化诊疗室	肿瘤诊室		—			
	即走型诊室	—	—	—	即走型诊室	—	即走型诊室		—
	前期检测室	—	前期检测室	—	—	—	物理治疗室	扫期检测室	—
医技区	影像检查室	—	影像检查室	影像检查室	影像室	—	—	影像室	影像检查室
	内镜检查室	内镜检查室	内窥镜室	内窥镜室	—	—	—	—	—
	功能检查室	病理检查室	功能检查室	功能检查室	—	—	—	—	—
	化验室		—	—	化验室	—	—	—	—

续表

	建筑案例								类型化功能要素整合	功能区
	方案1 宾夕法尼亚大学转化医学中心	方案2 美国佛罗里达转化医学中心	方案3 美国凤凰城儿童医院	方案4 美国弗兰信里奇转化医学中心	方案5 澳大利亚墨尔本皇家儿童医院	方案6 中山大学肿瘤转化医学中心设计方案	方案7 中南大学湘雅医学中心设计方案	方案8 四川大学转化医学综合楼建设计方案		
	手术室	—	手术室	—	手术室	手术室	手术中心	—	常规手术室	临床试验研究区
	—	—	—	—	—	核磁手术室	—	—	核磁手术室	
	—	—	血液库	—	—	—	—	—	血液库	
	核治疗室	—	核治疗室	—	—	放疗室	核治疗室	—	核治疗室	
	—	—	—	—	—	化疗室	—	—	化疗室	
	—	—	—	—	—	—	血透室	—	血透室	
	—	—	—	—	电磁理疗室	—	—	—	电磁理疗室	
监测、检查、治疗实验室	—	监测实验室	治疗监测室	—	—	—	治疗监测室	—	治疗监测室	
	—	—	—	—	专项检测室	—	—	精准检测室	精准检测室	
	—	—	—	—	—	—	—	精准影像室	精准检测室	
	—	—	治疗型实验室	临床试验治疗室	临床试验治疗室	—	实验治疗室	临床试验空间	临床试验治疗室	
	—	应急处理室	—	—	—	—	—	应急处理室	临床试验区应急处理室	
	—	营养厨房	—	—	—	—	—	—	营养厨房	
	—	患者餐厅	—	—	—	—	—	—	患者餐厅	

续表

功能区	类型化功能要素整合	方案1 宾夕法尼亚大学转化医学中心	方案2 美国佛罗里达转化医学中心	方案3 美国凤凰城儿童医院	方案4 美国弗兰德里奇转化医学中心	方案5 澳大利亚墨尔本皇家儿童医院	方案6 中山大学肿瘤化医学中心设计方案	方案7 中南大学湘雅医学中心设计方案	方案8 四川大学转化医学综合楼设计方案
临床试验与基础实验共享功能	制剂研发室	—	—	药剂实验室	生物制剂实验室	—	—	—	制剂研究室／化学实验室
	制剂生产室	—	—	—	—	—	—	—	制剂生产室
	制剂药房	—	—	实验制剂房	—	—	—	—	制剂生产室
	制剂管理室	—	—	药剂管理室	—	—	—	—	—
	实验供给室	—	—	—	实验辅助室	供给空间	—	—	—
	信息中心	—	—	数据信息室	—	—	档案室	—	数据研究室
基础实验研究区	生物实验室	专项实验室	生物实验室	—	—	生物技术室	生物实验室	专项实验室	基础实验室
	化学实验室		—	—	—	—	化学实验室		
	物理实验室		—	—	物理技术实验室	物理技术实验室	物理实验室		
	多学科联合实验室	联合实验室	—	—	—	—	多学科协作实验室	开放型实验室	—
	动物实验室		—	—	—	—	动物实验室	—	动物实验室
	动物饲养室		—	—	—	—	动物饲养室	—	—
	动物治疗室		—	—	—	—	动物治疗室	—	—

续表

	建筑案例								类型化功能要素整合	功能区
方案1 宾夕法尼亚大学转化医学中心	方案2 美国佛罗里达转化医学中心	方案3 美国凤凰城儿童医院	方案4 美国弗兰德里奇转化医学中心	方案5 澳大利亚墨尔本皇家儿童医院	方案6 中山大学肿瘤转化医学中心设计方案	方案7 中南大学湘雅医学中心设计方案	方案8 四川大学转化医学综合楼设计方案		
—	科研办公室	—	科研办公室	科研办公室	科研办公室	—	—	基础科研办公室	基础实验研究区
常规病房	—	常规病房	—	护理病房	常规病房	标准化病房	—	常规病房	常规护理单元
—	—	—	—	—	—	特殊病房	—	特殊病房	
护士站	—	护士站	—	护士站	护士站	护士站	—	护士站	
医务办公室	—	—	—	—	—	—	—	医务办公室	
—	—	—	—	—	医材配药室	—	—	普通配药室	
转化护理病房	监测控制病房	转化护理研究病房	转化护理研究病房	转化护理病房	监测病房	普通/高级转化护理研究病房	受试患者护理空间	普通转化护理研究病房	转化护理单元
								高级转化护理研究病房	
监测控制室	—	监测控制室	—	监测控制室	—	—	—	监测控制室	
应急处理室	—	—	—	应急护理室	急救室	应急处理室	—	转化护理区应急处理室	
医护办公室	—	医护办公室	—	医护办公室	医护办公室	—	—	医护办公室	
—	护士站	—	—	—	护士站	转化护理区护士站	—	转化护理区护士站	

续表

建筑案例

功能区	类型化功能要素整合	方案1 宾夕法尼亚大学转化医学中心	方案2 美国佛罗里达转化医学中心	方案3 美国凤凰城儿童医院	方案4 美国弗兰德里奇转化医学中心	方案5 澳大利亚墨尔本皇家儿童医院	方案6 中山大学肿瘤转化医学中心设计方案	方案7 中南大学湘雅医学中心设计方案	方案8 四川大学转化医学综合楼设计方案
转化护理单元	指标测试室	—	综合测试间	—	—	—	—	指标监测室	—
	康复训练室	—	—	—	—	训练室	—	康复训练室	—
	患者教室	—	—	—	—	患者教室	—	—	—
	营养调配室	—	—	—	—	—	营养调配室	—	—
	配药室	—	—	—	—	—	医材配药室	—	—
	检查治疗室	—	—	—	—	—	检查治疗室	—	—
	护理科研室	—	—	—	—	—	—	科研办公室	—
	恢复室	—	—	—	—	—	—	—	恢复室
教育培训区	多功能报告厅	—	—	—	—	多功能报告厅	多功能厅	—	多功能厅
	培训教室	—	—	—	理论教室	培训教室	理论教室	培训教室	专家教室
	示教室	—	—	—	—	—	示教空间	—	模拟手术室
	实践训练室	—	—	—	实践教室	—	临床操作室	—	实践操作室
	交流会议室	会议室	—	—	会议室	会议室	—	会议室	沙龙空间
	图书资料室	—	—	—	—	—	—	图书资料室	—
	教学办公室	—	—	—	—	—	—	教学办公室	—

续表

方案1 宾夕法尼亚大学转化医学中心	方案2 美国佛罗里达转化医学中心	方案3 美国凤凰城儿童医院	方案4 美国弗兰德里奇转化医学中心	方案5 澳大利亚墨尔本皇家儿童医院	方案6 中山大学肿瘤转化医学中心设计方案	方案7 中南大学湘雅医学中心设计方案	方案8 四川大学转化医学综合楼设计方案	类型化功能要素整合	功能区
—	—	—	—	行政办公室	行政办公室	人力办公室 公共办公室 管理办公室	—	行政办公室	行政办公区
—	—	—	—	—	会议室	会议室	—	行政会议室	
药房	—	院内用药药房	—	—	住院药房	住院药房	—	住院药房	药房
	—		—	—	门诊药房	门诊药房	—	门诊药房	
	—		—	—	—	急诊药房	—	急诊药房	
	—	社会药房	—	—	—	—	—	社会药房	
—	—	—	—	—	—	急诊室	—	急诊室	急诊区
—	—	—	—	—	—	抢救室	—	抢救室	
—	—	—	—	—	—	观察护理室	—	观察护理室	
—	—	—	—	咨询室	—	—	—	咨询室	咨询区
—	—	—	—	医疗宣讲室	—	—	—	医疗宣讲室	
业务办公室	—	—	—	志愿者接待室	—	—	—	志愿者接待室	志愿者招募区
患者教室	—	—	—	转化医学宣传室	—	—	—	转化医学宣传室	

建筑案例

续表

	建筑案例								类型化功能要素整合	功能区
	方案1 宾夕法尼亚大学转化医学中心	方案2 美国佛罗里达转化医学中心	方案3 美国凤凰城儿童医院	方案4 美国弗兰德里奇转化医学中心	方案5 澳大利亚墨尔本皇家儿童医院	方案6 中山大学肿瘤转化医学中心设计方案	方案7 中南大学湘雅医学中心设计方案	方案8 四川大学转化医学综合楼设计方案		
	—	后勤用房	—	—	—	员工餐厅	员工餐厅	员工餐厅	员工餐厅	后勤保障区
	—		—	—	—	—	—	设备终端室	设备终端室	
	—		—	—	—	药物库房 / 器材库房	物资库房	物资仓库	物资仓库	
	—		—	—	餐饮店	商业餐饮	商业用房	—	餐饮店	商业空间
	—		—	—	休闲健身室			—	休闲健身室	
	—		—	—	商业零售店			—	商业零售店	
	—		—	—	住宿空间			—	住宿空间	

附表2

转化医学模式推导功能要素整合

医学研究模式								职能构成模式		人员构成模式		功能要素整合	功能要素性质归类
南希·S.宋的2T转化医学模式	韦斯特福尔的3T转化医学模式	多尔蒂的3T转化医学模式	德罗莱和洛伦齐的转化流程	哈佛4T转化医学模式	墙夫茨4T转化医学模式	库利的4T转化医学模式	布伦伯格的4T+转化医学模式	CTSAs职能构成模式	哈佛转化医学职能构成模式	哈佛转化医学人员构成模式	克罗蒂斯的转化医学人员构成模型	功能要素整合	功能要素性质归类
—	—	—	—	生物医学实验室	—	—	—	生物医学实验室	—	生物医学实验室	—	生物医学实验室	基础研究与实验
化学实验室	化学实验室	—	—	化学实验室	化学实验室	—	—	化学实验室	—	化学实验室	—	化学实验室	
物理学实验室	—	各学科基础实验室	基础实验室	物理学实验室	—	各学科技术实验室	基础实验室	—	—	—	—	物理学实验室	
—	—	—	—	—	—	—	—	—	分子技术实验室	—	—	分子技术实验室	
生物药学实验室	生物药学实验室	—	—	—	—	—	—	药学实验室	药学实验室	—	药学实验室	药学实验室	
—	—	—	—	—	制剂研发办公室	—	—	—	药物研发办公室	—	—	药物研发办公室	
—	—	—	—	—	制剂检测室	—	—	制剂检测室	药物检测筛选室	—	药剂检测室	药物检测室	
—	—	—	—	—	制剂生产空间	—	—	制剂生产空间	—	—	药剂生产空间	药物生产空间	
—	—	—	—	—	制剂管理室	—	—	—	—	—	药剂管理室	药物管理室	

141

续表

医学研究模式								职能构成模式		人员构成模式		功能要素整合	功能要素性质归类
南希·S.宋的2T转化医学模式	韦斯特福尔的3T转化医学模式	多尔蒂的3T转化医学模式	德罗米和洛伦齐的转化流程	哈佛4T转化医学模式	塔夫茨4T转化医学模式	库利的4T转化医学模式	布伦伯格的4T+转化医学模式	CTSAs职能构成模式	哈佛转化医学职能构成模式	哈佛转化医学人员构成模式	克罗蒂斯里的转化医学人员构成模型		
—	—	—	—	—	—	—	—	器材材料样本空间	实验辅助空间	—	—	实验辅助空间	基础研究与实验
科研办公室	科研办公室	—	—	—	—	科研办公室	科研办公室	科研办公室	—	—	科研办公室	科研办公室	
—	—	—	—	样本库	—	—	—	—	样本库	—	—	样本库	
—	—	—	—	样本采集制作空间	—	—	—	—	—	—	—	样本采集制作空间	
动物实验室	动物实验室	—	—	动物实验室	—	—	动物实验室	—	动物实验室	—	—	动物实验室	
—	—	—	—	—	—	—	—	—	基因检测分析室	—	—	基因检测分析室	
动物饲养室	动物饲养室	—	—	饲养、消毒室	—	—	饲养、消毒空间	—	—	—	—	动物饲养室	
清洁消毒辅助空间	清洁消毒辅助空间	—	—	—	—	—	—	—	—	—	—	清洁消毒辅助空间	
—	—	—	—	监测、解剖室	—	—	监测、解剖空间	—	—	—	—	监测、解剖空间	

续表

医学研究模式								职能构成模式		人员构成模式		功能要素整合	功能要素性质归类
南希·S.宋的2T转化医学模式	韦斯特福尔的3T转化医学模式	多尔蒂的3T转化医学模式	德罗莱和洛伦齐的转化流程	哈佛4T转化医学模式	塔夫茨4T转化医学模式	库利的4T转化医学模式	布伦伯格的4T+转化医学模式	CTSAs职能构成模式	哈佛转化医学职能构成模式	哈佛转化医学人员构成模式	克罗蒂斯顿的转化医学人员构成模型	功能要素整合	功能要素性质归类
—	—	临床试验治疗室	临床试验治疗室	临床试验治疗室	高中级治疗室	临床试验治疗室	临床试验治疗室	各级试验治疗功能组团	—	临床试验治疗室	临床试验治疗室	临床试验治疗室	转化试验与治疗
—	—	临床检测室	检验室	综合检测室	—	—	—	—	分子影像检测室	临床检查室	综合检测室	临床综合检测室	
—	—	—	—	—	—	—	—	—	病理分析室	—	—	病理分析室	
应急处理空间	—	应急处理室	应急治疗室	—	应急治疗室	—	应急治疗室	—	—	—	—	应急处理室	
—	—	—	—	—	—	—	—	—	营养室	营养调配室	—	营养调配室	
转化护理病房	转化护理研究病房	—	转化护理研究病房	转化护理研究病房	高中级护理病房	转化护理病房	转化护理病房	各级别转化护理功能组团	监护病房	转化护理单元	转化护理研究病房	转化护理研究病房	转化护理研究与康复
医护办公室	—	医护办公室	医护办公室	医护办公室	医护办公室	医护办公室	医护办公室	—	—	—	医护办公室	医护办公室	
—	—	—	—	—	—	—	—	—	临床研究办公室	—	—	临床研究办公室	

续表

医学研究模式								职能构成模式		人员构成模式		功能要素整合	功能要素性质归类
南希·S.宋的2T转化医学模式	韦斯特福尔的3T转化医学模式	多尔蒂的3T转化医学模式	德罗莱和洛伦齐的转化流程	哈佛4T转化医学模式	塔夫茨4T转化医学模式	库利的4T转化医学模式	布伦伯格的4T+转化医学模式	CTSAs职能构成模式	哈佛转化医学职能构成模式	哈佛转化医学人员构成模式	克罗蒂里斯蒂断的转化医学人员构成模型		
急救空间	—	—	—	—	—	—	—		急救室	—	急救空间	急救室	—
—	指标监测室	监测室	监测室	监测室	观察监测室	—	监测室		—	观察监测室	—	指标监测室	
—	康复观察室	观察室	观察室	观察室	—	—	康复观察室	各级别转化护理功能组团	—		体征观察室	体征观察室	
—	—	—	—	—	—	综合测试间	综合测试间		—	—	指标检测室	综合测试间	转化护理研究与康复
—	康复训练室	—	—	康复训练室	康复训练室	康复训练室	康复训练室		康复训练室	—	综合训练室	综合训练室	
—	—	—	—	日常起居商业娱乐	—	—	—		—	—	—	日常起居商业娱乐	
—	—	常规护理病房	常规护理病房	普通护理病房	普通护理病房	普通护理病房	普通护理病房	常规护理功能组团	—	常规护理单元	—	普通护理病房	
—	—	护士站	护士站	护士站	护士站	护士站	护士站		—	—	—	护士站	
—	—	—	—	—	—	—	—		患者宣传室	患者教室 心理辅导	患者教室	患者教室	志愿者招募
—	—	—	—	—	—	—	—		招募业务办公室	—	招募业务办公室	招募业务办公室	

续表

医学研究模式								职能构成模式		人员构成模式		功能要素整合	功能要素性质归类
南希·S.宋的2T转化医学模式	韦斯特福尔的3T转化医学模式	多尔蒂的3T转化医学模式	德罗莱和洛伦齐的转化流程	哈佛4T转化医学模式	塔夫茨4T转化医学模式	库利的4T转化医学模式	布伦伯格的4T+转化医学模式	CTSAs职能构成模式	哈佛转化医学职能构成模式	哈佛转化医学人员构成模式	克罗蒂斯的转化医学人员构成模型		
—	—	—	—	—	—	—	—	—	知情同意室	—	—	知情同意室	志愿者招募
—	—	—	—	—	—	—	—	理论教室	专家教室	理论教室	—	理论教室	教育培训与知识传播
—	—	—	—	—	—	—	—	示教室	临床示教室	示教室	—	临床示教室	
—	—	—	—	—	—	—	—	实践操作室	实践操作室	实践操作室	—	实践操作室	
—	—	—	—	—	—	—	—	会议中心功能组团	—	—	—	会议交流空间	
—	—	—	—	—	—	—	—	—	信息中心功能组团	信息中心	—	信息中心功能空间	信息数据
—	—	—	—	—	—	—	—	—	—	行政办公室	行政办公室	行政办公室	行政办公

转化医学中心功能要素整合表　　　　附表3

待整合功能要素		结合转化医学中心发展诉求进行功能整合	所属区域
建筑设计案例采集	转化医学模型推导		
普通诊室	门诊室	诊室	常规医院核心功能区
即走型诊室			
转化型诊室			
前期检测室	—	门诊初检室	
急诊室	—	急诊中心	
急诊抢救室	—		
急诊观察护理室	—		
住院药房	—	药房	
门诊药房	—		
急诊药房	—		
社会药房	—		
影像检查室	—	常规医技室	
内镜检查室	—		
功能检查室	—		
化验室	—		
常规手术室	—		
血液库	—		
常规病房	普通护理病房	普通护理单元	
特护病房	—		
护士站	护士站		
医务办公室	—		
配药室	—		
精准检测室	临床综合检测室	临床检测室	临床试验治疗区
	病理分析室		
治疗监测室	—	临床监测室	
核磁手术室	—	临床试验治疗室	
核治疗室	—		
化疗室	—		
血透室	—		
电磁理疗室	—		
临床试验治疗室	临床试验治疗室		
临床试验区应急处理室	应急处理室	与护理区急救室统筹	

待整合功能要素		结合转化医学中心发展诉求进行功能整合	所属区域
建筑设计案例采集	转化医学模型推导		
营养厨房	—	与营养调配室统筹	临床试验治疗区
患者餐厅	—		
制剂研发室	药物研发办公室	与科研办公室统筹	基础实验研究区
制剂生产室	药物生产空间	制剂制备室	
—	药物检测室	制剂检测室	
制剂药房	—	制剂管理中心	
制剂管理室	药物管理室		
实验供给室	实验辅助空间	实验物资供给室	
实验数据信息中心	信息中心功能空间	数据中心	
生物实验室	生物医学实验室	生物医学实验室	
—	药学实验室	化学制剂实验室	
化学实验室	化学实验室		
物理实验室	物理学实验室	医疗技术实验室	
—	分子技术实验室		
多学科联合实验室	—	综合实验室	
—	样本库（含制作）	生物样本中心	
动物实验室	动物实验室	动物实验中心	
动物饲养室	动物饲养室		
动物治疗室	—		
—	动物基因检测分析室		
—	监测、解剖空间		
—	清洁消毒空间		
基础科研办公室	科研办公室	科研办公室	
普通转化护理研究病房	转化护理研究病房	普通转化护理研究病房	转化护理研究单元
高级转化护理研究病房		高级转化护理研究病房	
监测控制室	指标监测室	与临床检测室统筹	
指标测试室	综合测试间	综合测试间	
转化护理区应急处理室	急救室	急救室	
—	体征观察室	与护理病房统筹	
医护办公室	医护办公室	医护办公室	
转化护理区护士站	—		

续表

待整合功能要素		结合转化医学中心发展诉求进行功能整合	所属区域
建筑设计案例采集	转化医学模型推导		
康复训练室	综合训练室	综合训练室	转化护理研究单元
恢复室	—		
患者教室	患者教室	患者教室	
营养调配室	营养调配室	营养调配室	
配药室	—	药剂调配室	
检查治疗室	—	与临床治疗室统筹	
转化护理区科研办公室	护理研究办公室	护理研究办公室	
培训教室	理论教室	理论教室	教育培训区
示教室	临床示教室	实践教室	
实践训练室	实践操作室		
多功能报告厅	—	会议交流中心	
教育培训区会议室	会议交流空间		
图书资料室	—		
医疗宣讲室	—		
教学办公室	—	行政办公中心	行政办公区
行政办公室	行政办公室		
行政会议室	—		
咨询室	—	回访咨询中心	愈后回访区
—	—	愈后病房	
志愿者接待室	招募业务办公室	志愿者招募中心	志愿者招募区
转化医学宣传室	—		
—	知情同意室		
—	—	医疗体验区	
—	—	医疗模拟区	
员工餐厅	—	设备、仓储等辅助空间	辅助空间
设备终端室	—		
物资仓库	—		
餐饮	日常起居商业娱乐	商业餐饮空间	商业服务区
休闲健身室			
商业零售店			
住宿空间	—	住宿服务空间	住宿服务区

注：斜体文字是对相应功能要素的整合与归类。

需进行功能关联计算的要素代号组合及名称　　　　附表4

功能要素项	代号	功能要素项	代号	功能要素项	代号
诊室	01	化学制剂实验室	16	护理研究办公室	31
门诊初检室	02	医疗技术实验室	17	理论教室	32
急诊中心	03	综合实验室	18	实践教室	33
药房	04	生物样本中心	19	会议交流中心	34
常规医技室	05	动物实验中心	20	行政办公中心	35
普通护理单元	06	科研办公室	21	回访咨询中心	36
临床检测室	07	普通转化护理研究病房	22	愈后病房	37
临床监测室	08	高级转化护理研究病房	23	志愿者招募中心	38
临床试验治疗室	09	急救室	24	医疗体验区	39
制剂制备室	10	综合测试间	25	医疗模拟区	40
制剂检验室	11	医护办公室	26	餐饮、设备、仓储等辅助空间	41
制剂管理中心	12	综合训练室	27	商业服务空间	42
实验物资供给室	13	患者教室	28	住宿服务空间	43
数据信息中心	14	营养调配室	29	—	—
生物医学实验室	15	药剂调配室	30	—	—

需进行功能关联计算的要素代号组合及名称　　　附表5

代号组合	相关功能要素		代号组合	相关功能要素	
0102	诊室	门诊初检	0221	门诊初检	科研办公室
0103	诊室	急诊	0222	门诊初检	普通转化护理研究病房
0104	诊室	药房	0223	门诊初检	高级转化护理研究病房
0105	诊室	常规医技	0225	门诊初检	综合测试间
0106	诊室	普通护理单元	0226	门诊初检	医护办公室
0107	诊室	临床检测室	0230	门诊初检	药剂调配室
0108	诊室	临床监测室	0231	门诊初检	护理研究办公室
0109	诊室	临床试验治疗室	0236	门诊初检	回访咨询中心
0112	诊室	制剂管理室	0237	门诊初检	愈后病房
0114	诊室	数据信息中心	0238	门诊初检	志愿者招募中心
0121	诊室	科研办公室	0241	门诊初检	设备仓储
0122	诊室	普通转化护理研究病房	0304	急诊	药房
0123	诊室	高级转化护理研究病房	0305	急诊	常规医技
0125	诊室	综合测试间	0306	急诊	普通护理单元
0126	诊室	医护办公室	0314	急诊	数据信息中心
0131	诊室	护理研究办公室	0321	急诊	科研办公室
0135	诊室	行政办公室	0322	急诊	普通转化护理研究病房
0136	诊室	回访咨询中心	0323	急诊	高级转化护理研究病房
0137	诊室	愈后病房	0325	急诊	综合测试间
0138	诊室	志愿者招募中心	0326	急诊	医护办公室
0141	诊室	设备仓储	0330	急诊	药剂调配室
0142	诊室	商业餐饮	0331	急诊	护理研究办公室
0204	门诊初检	药房	0335	急诊	行政办公室
0205	门诊初检	常规医技	0337	急诊	愈后病房
0206	门诊初检	普通护理单元	0341	急诊	设备仓储
0207	门诊初检	临床检测室	0342	急诊	商业餐饮
0208	门诊初检	临床监测室	0405	药房	常规医技
0209	门诊初检	临床试验治疗室	0406	药房	普通护理单元
0214	门诊初检	数据信息中心	0407	药房	临床检测室
0215	门诊初检	生物医学实验室	0409	药房	临床试验治疗室
0216	门诊初检	化学制剂实验室	0410	药房	制剂生产室
0217	门诊初检	医疗技术实验室	0412	药房	制剂管理室
0218	门诊初检	综合实验室	0414	药房	数据信息中心

续表

代号组合	相关功能要素		代号组合	相关功能要素	
0421	药房	科研办公室	0621	普通护理单元	科研办公室
0422	药房	普通转化护理研究病房	0622	普通护理单元	普通转化护理研究病房
0423	药房	高级转化护理研究病房	0623	普通护理单元	高级转化护理研究病房
0424	药房	急救室	0624	普通护理单元	急救室
0426	药房	医护办公室	0625	普通护理单元	综合测试间
0430	药房	药剂调配室	0626	普通护理单元	医护办公室
0431	药房	护理研究办公室	0627	普通护理单元	综合训练室
0436	药房	回访咨询中心	0628	普通护理单元	患者教室
0437	药房	愈后病房	0629	普通护理单元	营养调配室
0441	药房	设备仓储	0630	普通护理单元	药剂调配室
0506	常规医技	普通护理单元	0631	普通护理单元	护理研究办公室
0507	常规医技	临床检测室	0633	普通护理单元	实践教室
0508	常规医技	临床监测室	0637	普通护理单元	愈后病房
0509	常规医技	临床试验治疗室	0641	普通护理单元	设备仓储
0514	常规医技	数据信息中心	0642	普通护理单元	商业餐饮
0517	常规医技	医疗技术实验室	0643	普通护理单元	住宿
0518	常规医技	综合实验室	0708	临床检测室	临床监测室
0521	常规医技	科研办公室	0709	临床检测室	临床试验治疗室
0522	常规医技	普通转化护理研究病房	0712	临床检测室	制剂管理室
0523	常规医技	高级转化护理研究病房	0714	临床检测室	数据信息中心
0524	常规医技	急救室	0715	临床检测室	生物医学实验室
0525	常规医技	综合测试间	0716	临床检测室	化学制剂实验室
0526	常规医技	医护办公室	0717	临床检测室	医疗技术实验室
0531	常规医技	护理研究办公室	0718	临床检测室	综合实验室
0533	常规医技	实践教室	0719	临床检测室	生物样本中心
0536	常规医技	回访咨询中心	0721	临床检测室	科研办公室
0537	常规医技	愈后病房	0722	临床检测室	普通转化护理研究病房
0541	常规医技	设备仓储	0723	临床检测室	高级转化护理研究病房
0607	普通护理单元	临床检测室	0724	临床检测室	急救室
0608	普通护理单元	临床监测室	0725	临床检测室	综合测试间
0609	普通护理单元	临床试验治疗室	0726	临床检测室	医护办公室
0612	普通护理单元	制剂管理室	0727	临床检测室	综合训练室
0614	普通护理单元	数据信息中心	0729	临床检测室	营养调配室

续表

代号组合	相关功能要素		代号组合	相关功能要素	
0730	临床检测室	药剂调配室	0837	临床监测室	愈后病房
0731	临床检测室	护理研究办公室	0841	临床监测室	设备仓储
0733	临床检测室	实践教室	0911	临床试验治疗室	制剂检验室
0736	临床检测室	回访咨询中心	0912	临床试验治疗室	制剂管理室
0737	临床检测室	愈后病房	0914	临床试验治疗室	数据信息中心
0741	临床检测室	设备仓储	0915	临床试验治疗室	生物医学实验室
0809	临床监测室	临床试验治疗室	0916	临床试验治疗室	化学制剂实验室
0812	临床监测室	制剂管理室	0917	临床试验治疗室	医疗技术实验室
0814	临床监测室	数据信息中心	0918	临床试验治疗室	综合实验室
0815	临床监测室	生物医学实验室	0919	临床试验治疗室	生物样本中心
0816	临床监测室	化学制剂实验室	0921	临床试验治疗室	科研办公室
0817	临床监测室	医疗技术实验室	0922	临床试验治疗室	普通转化护理研究病房
0818	临床监测室	综合实验室	0923	临床试验治疗室	高级转化护理研究病房
0821	临床监测室	科研办公室	0924	临床试验治疗室	急救室
0822	临床监测室	普通转化护理研究病房	0925	临床试验治疗室	综合测试间
0823	临床监测室	高级转化护理研究病房	0926	临床试验治疗室	医护办公室
0824	临床监测室	急救室	0927	临床试验治疗室	综合训练室
0825	临床监测室	综合测试间	0929	临床试验治疗室	营养调配室
0826	临床监测室	医护办公室	0930	临床试验治疗室	药剂调配室
0827	临床监测室	综合训练室	0931	临床试验治疗室	护理研究办公室
0829	临床监测室	营养调配室	0933	临床试验治疗室	实践教室
0830	临床监测室	药剂调配室	0937	临床试验治疗室	愈后病房
0831	临床监测室	护理研究办公室	0941	临床试验治疗室	设备仓储
0833	临床监测室	实践教室	1011	制剂制备室	制剂检验室
0836	临床监测室	回访咨询中心	1012	制剂制备室	制剂管理室

续表

代号组合	相关功能要素		代号组合	相关功能要素	
1013	制剂制备室	实验物资供给室	1223	制剂管理室	高级转化护理研究病房
1014	制剂制备室	数据信息中心	1224	制剂管理室	急救室
1016	制剂制备室	化学制剂实验室	1226	制剂管理室	医护办公室
1018	制剂制备室	综合实验室	1230	制剂管理室	药剂调配室
1021	制剂制备室	科研办公室	1231	制剂管理室	护理研究办公室
1041	制剂制备室	设备仓储	1237	制剂管理室	愈后病房
1112	制剂检验室	制剂管理室	1241	制剂管理室	设备仓储
1113	制剂检验室	实验物资供给室	1315	实验物资供给室	生物医学实验室
1114	制剂检验室	数据信息中心	1316	实验物资供给室	化学制剂实验室
1115	制剂检验室	生物医学实验室	1317	实验物资供给室	医疗技术实验室
1116	制剂检验室	化学制剂实验室	1318	实验物资供给室	综合实验室
1117	制剂检验室	医疗技术实验室	1320	实验物资供给室	动物实验室
1118	制剂检验室	综合实验室	1321	实验物资供给室	科研办公室
1119	制剂检验室	生物样本中心	1341	实验物资供给室	设备仓储
1120	制剂检验室	动物实验室	1415	数据信息中心	生物医学实验室
1121	制剂检验室	科研办公室	1416	数据信息中心	化学制剂实验室
1122	制剂检验室	普通转化护理研究病房	1417	数据信息中心	医疗技术实验室
1123	制剂检验室	高级转化护理研究病房	1418	数据信息中心	综合实验室
1130	制剂检验室	药剂调配室	1419	数据信息中心	生物样本中心
1131	制剂检验室	护理研究办公室	1420	数据信息中心	动物实验室
1141	制剂检验室	设备仓储	1421	数据信息中心	科研办公室
1213	制剂管理室	实验物资供给室	1422	数据信息中心	普通转化护理研究病房
1214	制剂管理室	数据信息中心	1423	数据信息中心	高级转化护理研究病房
1215	制剂管理室	生物医学实验室	1424	数据信息中心	急救室
1216	制剂管理室	化学制剂实验室	1425	数据信息中心	综合测试间
1218	制剂管理室	综合实验室	1426	数据信息中心	医护办公室
1219	制剂管理室	生物样本中心	1427	数据信息中心	综合训练室
1220	制剂管理室	动物实验室	1429	数据信息中心	营养调配室
1221	制剂管理室	科研办公室	1430	数据信息中心	药剂调配室
1222	制剂管理室	普通转化护理研究病房	1431	数据信息中心	护理研究办公室

代号组合	相关功能要素		代号组合	相关功能要素	
1437	数据信息中心	愈后病房	1629	化学制剂实验室	营养调配室
1438	数据信息中心	志愿者招募中心	1630	化学制剂实验室	药剂调配室
1516	生物医学实验室	化学制剂实验室	1631	化学制剂实验室	护理研究办公室
1517	生物医学实验室	医疗技术实验室	1633	化学制剂实验室	实践教室
1518	生物医学实验室	综合实验室	1641	化学制剂实验室	设备仓储
1519	生物医学实验室	生物样本中心	1718	医疗技术实验室	综合实验室
1520	生物医学实验室	动物实验室	1720	医疗技术实验室	动物实验室
1521	生物医学实验室	科研办公室	1721	医疗技术实验室	科研办公室
1526	生物医学实验室	医护办公室	1725	医疗技术实验室	综合测试间
1529	生物医学实验室	营养调配室	1726	医疗技术实验室	医护办公室
1530	生物医学实验室	药剂调配室	1727	医疗技术实验室	综合训练室
1531	生物医学实验室	护理研究办公室	1729	医疗技术实验室	营养调配室
1533	生物医学实验室	实践教室	1730	医疗技术实验室	药剂调配室
1541	生物医学实验室	设备仓储	1731	医疗技术实验室	护理研究办公室
1617	化学制剂实验室	医疗技术实验室	1733	医疗技术实验室	实践教室
1618	化学制剂实验室	综合实验室	1741	医疗技术实验室	设备仓储
1619	化学制剂实验室	生物样本中心	1819	综合实验室	生物样本中心
1620	化学制剂实验室	动物实验室	1820	综合实验室	动物实验室
1621	化学制剂实验室	科研办公室	1821	综合实验室	科研办公室
1626	化学制剂实验室	医护办公室	1825	综合实验室	综合测试间

代号组合	相关功能要素		代号组合	相关功能要素	
1826	综合实验室	医护办公室	2132	科研办公室	理论教室
1827	综合实验室	综合训练室	2134	科研办公室	会议交流中心
1829	综合实验室	营养调配室	2135	科研办公室	行政办公室
1830	综合实验室	药剂调配室	2139	科研办公室	医疗体验区
1831	综合实验室	护理研究办公室	2140	科研办公室	医疗模拟区
1833	综合实验室	实践教室	2141	科研办公室	设备仓储
1841	综合实验室	设备仓储	2223	普通转化护理研究病房	高级转化护理研究病房
1920	生物样本中心	动物实验室	2224	普通转化护理研究病房	急救室
1921	生物样本中心	科研办公室	2225	普通转化护理研究病房	综合测试间
1931	生物样本中心	护理研究办公室	2226	普通转化护理研究病房	医护办公室
1932	生物样本中心	护理研究办公室	2227	普通转化护理研究病房	综合训练室
1933	生物样本中心	实践教室	2228	普通转化护理研究病房	患者教室
2021	动物实验室	科研办公室	2229	普通转化护理研究病房	营养调配室
2031	动物实验室	护理研究办公室	2230	普通转化护理研究病房	药剂调配室
2033	动物实验室	实践教室	2231	普通转化护理研究病房	护理研究办公室
2041	动物实验室	设备仓储	2233	普通转化护理研究病房	实践教室
2122	科研办公室	普通转化护理研究病房	2241	普通转化护理研究病房	设备仓储
2123	科研办公室	高级转化护理研究病房	2242	普通转化护理研究病房	商业餐饮
2124	科研办公室	急救室	2243	普通转化护理研究病房	住宿
2125	科研办公室	综合测试间	2324	高级转化护理研究病房	急救室
2126	科研办公室	医护办公室	2325	高级转化护理研究病房	综合测试间
2127	科研办公室	综合训练室	2326	高级转化护理研究病房	医护办公室
2129	科研办公室	营养调配室	2327	高级转化护理研究病房	综合训练室
2130	科研办公室	药剂调配室	2328	高级转化护理研究病房	患者教室
2131	科研办公室	护理研究办公室	2329	高级转化护理研究病房	营养调配室

续表

代号 组合	相关功能要素		代号 组合	相关功能要素	
2330	高级转化护理 研究病房	药剂调配室	2634	医护办公室	会议交流中心
2331	高级转化护理 研究病房	护理研究办公室	2635	医护办公室	行政办公室
2333	高级转化护理 研究病房	实践教室	2636	医护办公室	回访咨询中心
2341	高级转化护理 研究病房	设备仓储	2637	医护办公室	愈后病房
2342	高级转化护理 研究病房	商业餐饮	2641	医护办公室	设备仓储
2343	高级转化护理 研究病房	住宿	2642	医护办公室	商业餐饮
2425	急救室	综合测试间	2728	综合训练室	患者教室
2426	急救室	医护办公室	2731	综合训练室	护理研究办公室
2427	急救室	综合训练室	2737	综合训练室	愈后病房
2428	急救室	患者教室	2741	综合训练室	设备仓储
2430	急救室	药剂调配室	2831	患者教室	护理研究办公室
2431	急救室	护理研究办公室	2836	患者教室	回访咨询中
2526	综合测试间	医护办公室	2837	患者教室	愈后病房
2527	综合测试间	综合训练室	2838	患者教室	志愿者招募中心
2529	综合测试间	营养调配室	2840	患者教室	医疗模拟区
2530	综合测试间	药剂调配室	2841	患者教室	设备仓储
2531	综合测试间	护理研究办公室	2930	营养调配室	药剂调配室
2533	综合测试间	实践教室	2931	营养调配室	护理研究办公室
2536	综合测试间	回访咨询中	2932	营养调配室	理论教室
2537	综合测试间	愈后病房	2933	营养调配室	实践教室
2538	综合测试间	志愿者招募中心	2937	营养调配室	愈后病房
2541	综合测试间	设备仓储	3031	药剂调配室	护理研究办公室
2627	医护办公室	综合训练室	3032	药剂调配室	理论教室
2628	医护办公室	患者教室	3033	药剂调配室	实践教室
2629	医护办公室	营养调配室	3037	药剂调配室	愈后病房
2630	医护办公室	药剂调配室	3134	护理研究办公室	会议交流中心
2631	医护办公室	护理研究办公室	3137	护理研究办公室	愈后病房
2632	医护办公室	理论教室	3141	护理研究办公室	设备仓储
2633	医护办公室	实践教室	3142	护理研究办公室	商业餐饮

续表

代号组合	相关功能要素		代号组合	相关功能要素	
3233	理论教室	实践教室	3643	回访咨询中心	住宿
3234	理论教室	会议交流中心	3742	愈后病房	商业餐饮
3334	实践教室	会议交流中心	3743	愈后病房	住宿
3341	实践教室	设备仓储	3839	志愿者招募中心	医疗体验区
3435	会议交流中心	行政办公室	3840	志愿者招募中心	医疗模拟区
3441	会议交流中心	设备仓储	3940	医疗体验区	医疗模拟区
3442	会议交流中心	商业餐饮	3941	医疗体验区	设备仓储
3443	会议交流中心	住宿	3942	医疗体验区	商业餐饮
3538	行政办公室	志愿者招募中心	4041	医疗模拟区	设备仓储
3541	行政办公室	设备仓储	4042	医疗模拟区	商业餐饮
3542	行政办公室	商业餐饮	4142	设备仓储	商业餐饮
3637	回访咨询中心	愈后病房	4143	设备仓储	住宿
3641	回访咨询中心	设备仓储	4243	商业餐饮	住宿
3642	回访咨询中心	商业餐饮	—	—	—

功能要素间综合关联值整合表　　　　附表6

功能要素代码	综合关联值η	功能要素代码	综合关联值η	功能要素代码	综合关联值η	功能要素代码	综合关联值η
0102	7.209	0221	1.866	0421	0.691	0621	0.228
0103	3.733	0222	4.405	0422	5.229	0622	5.107
0104	4.601	0223	4.273	0423	5.340	0623	2.231
0105	5.382	0225	2.567	0424	4.895	0624	1.856
0106	4.353	0226	0.713	0426	5.157	0625	3.387
0107	3.652	0230	1.236	0430	5.524	0626	1.961
0108	1.937	0231	2.012	0431	1.343	0627	2.637
0109	3.583	0236	0.978	0436	2.749	0628	3.091
0112	1.359	0237	1.108	0437	5.813	0629	2.843
0114	1.476	0238	3.773	0441	5.022	0630	2.580
0121	0.871	0241	4.115	0506	5.812	0631	1.499
0122	1.740	0304	5.346	0507	4.470	0633	3.425
0123	1.383	0305	4.551	0508	3.218	0637	5.066
0125	1.886	0306	4.928	0509	3.965	0641	4.833
0126	0.537	0314	5.014	0514	5.641	0642	5.219
0131	0.434	0321	2.625	0517	4.033	0643	5.230
0135	0.452	0322	3.274	0518	2.885	0708	5.869
0136	2.994	0323	3.304	0521	0.776	0709	6.471
0137	2.011	0325	2.882	0522	3.887	0712	5.208
0138	3.218	0326	2.915	0523	3.646	0714	5.663
0141	2.307	0330	0.532	0524	3.026	0715	5.372
0142	1.822	0331	0.518	0525	4.540	0716	5.109
0204	3.011	0335	0.773	0526	1.926	0717	4.875
0205	4.239	0337	2.724	0531	0.788	0718	5.115
0206	3.523	0341	3.651	0533	3.634	0719	3.346
0207	5.133	0342	4.267	0536	3.662	0721	5.580
0208	4.624	0405	1.455	0537	3.205	0722	5.297
0209	4.916	0406	5.012	0541	4.461	0723	6.573
0214	5.286	0407	0.981	0607	3.349	0724	4.337
0215	0.325	0409	2.753	0608	3.021	0725	5.653
0216	0.331	0410	1.338	0609	2.862	0726	5.909
0217	0.298	0412	2.784	0612	3.904	0727	3.459
0218	0.394	0414	1.853	0614	3.773	0729	6.171

功能要素 代码	综合 关联值η	功能要素 代码	综合 关联值η	功能要素 代码	综合 关联值η	功能要素 代码	综合 关联值η
0730	5.762	0918	5.028	1122	4.459	1420	5.106
0731	6.087	0919	4.659	1123	4.781	1421	4.977
0733	2.916	0921	6.194	1130	5.333	1422	4.474
0736	1.430	0922	6.881	1131	1.242	1423	4.332
0737	1.715	0923	7.129	1141	3.787	1424	4.738
0741	0.458	0924	6.235	1213	3.578	1425	5.201
0809	5.383	0925	5.623	1214	5.998	1426	4.636
0812	5.961	0926	5.870	1215	4.635	1427	3.582
0814	6.273	0927	3.533	1216	7.175	1429	5.219
0815	5.469	0929	5.926	1218	3.156	1430	5.065
0816	5.642	0930	6.413	1219	4.377	1431	6.138
0817	5.795	0931	6.747	1220	5.905	1437	3.226
0818	5.560	0933	3.208	1221	6.414	1438	4.195
0821	6.105	0937	1.449	1222	5.346	1516	4.607
0822	7.184	0941	0.673	1223	5.672	1517	2.769
0823	7.414	1011	6.695	1224	5.883	1518	4.553
0824	6.523	1012	6.233	1226	5.259	1519	5.398
0825	5.359	1013	5.351	1230	6.114	1520	5.620
0826	6.209	1014	2.774	1231	5.687	1521	5.791
0827	3.416	1016	6.081	1237	3.525	1526	3.623
0829	5.890	1018	3.499	1241	3.601	1529	3.531
0830	5.947	1021	3.614	1315	5.966	1530	3.400
0831	6.055	1041	4.630	1316	6.237	1531	3.577
0833	3.438	1112	6.335	1317	6.004	1533	1.226
0836	0.751	1113	5.534	1318	6.266	1541	2.875
0837	0.851	1114	5.660	1320	7.280	1617	4.088
0841	0.233	1115	5.741	1321	4.553	1618	4.624
0911	4.874	1116	6.034	1341	5.208	1619	5.803
0912	6.131	1117	3.298	1415	5.215	1620	5.841
0914	5.960	1118	3.965	1416	5.388	1621	6.379
0915	4.997	1119	5.726	1417	5.462	1626	3.644
0916	5.326	1120	4.792	1418	5.601	1629	3.975
0917	5.095	1121	6.229	1419	4.659	1630	4.211

续表

功能要素代码	综合关联值η	功能要素代码	综合关联值η	功能要素代码	综合关联值η	功能要素代码	综合关联值η
1631	3.473	2041	5.247	2328	4.781	2636	0.411
1633	1.334	2122	5.388	2329	5.929	2637	0.386
1641	3.262	2123	7.291	2330	6.231	2641	1.258
1718	5.364	2124	3.404	2331	6.100	2642	0.506
1720	5.733	2125	3.273	2333	0.507	2728	2.266
1721	6.401	2126	4.896	2341	3.098	2731	5.957
1725	4.224	2127	1.525	2342	3.475	2737	1.683
1726	3.671	2129	3.630	2343	3.477	2741	2.496
1727	3.664	2130	5.277	2425	5.749	2831	3.470
1729	1.539	2131	5.483	2426	5.883	2836	0.807
1730	1.776	2132	1.308	2427	4.621	2837	1.106
1731	3.218	2134	0.575	2428	2.503	2838	2.610
1733	1.255	2135	0.411	2430	6.902	2840	2.435
1741	5.453	2139	2.858	2431	5.558	2841	2.492
1819	5.933	2140	3.206	2526	6.314	2930	5.400
1820	6.010	2141	3.118	2527	5.207	2931	5.329
1821	6.464	2223	5.549	2529	3.533	2932	3.011
1825	3.316	2224	5.716	2530	3.391	2933	3.125
1826	3.475	2225	6.643	2531	6.746	2937	0.727
1827	3.410	2226	6.533	2533	1.332	3031	4.886
1829	2.228	2227	6.528	2536	2.090	3032	2.804
1830	2.105	2228	5.301	2537	2.585	3033	3.137
1831	2.595	2229	5.551	2538	5.919	3037	1.221
1833	1.872	2230	5.629	2541	2.028	3134	1.665
1841	4.281	2231	6.036	2627	6.569	3137	0.780
1920	6.222	2233	5.705	2628	5.841	3141	1.521
1921	3.307	2241	3.420	2629	4.432	3142	0.355
1931	4.658	2242	3.476	2630	4.633	3233	5.253
1932	1.146	2243	3.295	2631	6.510	3234	3.493
1933	3.265	2324	6.434	2632	3.887	3334	3.436
2021	6.381	2325	6.276	2633	3.646	3341	3.408
2031	3.079	2326	7.183	2634	3.930	3435	5.356
2033	3.241	2327	5.443	2635	0.395	3441	5.291

续表

功能要素 代码	综合 关联值η	功能要素 代码	综合 关联值η	功能要素 代码	综合 关联值η	功能要素 代码	综合 关联值η
3442	4.883	3641	3.308	3840	6.530	4142	3.498
3443	4.707	3642	1.374	3940	5.694	4143	3.451
3538	1.558	3643	0.436	3941	5.695	4243	0.408
3541	4.082	3742	1.726	3942	1.384	—	—
3542	5.175	3743	0.359	4041	4.969	—	—
3637	5.099	3839	6.419	4042	1.528	—	—

功能要素综合关联值初步归类统计表　　　附表7

综合关联值 取值范围（η）	功能要素组代码					
$7 \leqslant \eta$	0102	0923	0822	0823	2326	1216
	2123	1320	—	—	—	—
$6 \leqslant \eta < 7$	0922	2227	2430	2225	2526	0924
	0931	1721	0723	3839	0814	0826
	2531	1012	2627	0930	1316	0831
	1011	1121	2631	2325	2330	0731
	2226	1920	2324	0921	0912	2231
	3840	1431	1221	0729	1016	1317
	0824	0821	2021	1230	1116	1621
	0709	2331	1318	1820	1821	1112
$5 \leqslant \eta < 6$	1214	0914	1819	1315	0105	0304
	2731	0830	0929	0812	0715	0423
	2538	0726	0437	2329	1718	1130
	0829	1220	1619	2426	1222	0214
	0926	1224	2425	0708	0916	1425
	0506	1521	2224	1620	0422	3542
	0730	3940	2233	2628	1429	0716
	1720	1418	3941	0817	1420	0622
	1231	2223	0714	1115	0637	0917
	1223	1113	1114	1119	0441	1430
	0725	0815	0816	0925	0314	0406
	0514	1741	2131	2431	0642	2228
	2230	2327	2122	2229	0712	1226
	1520	2930	0809	3541	1341	3233
	0721	0825	3435	0430	2527	0643
	0818	0722	1013	1519	0207	3641
	1417	2130	2931	1416	3637	1415
	0718	0918	0426	—	—	—

综合关联值 取值范围（η）	功能要素组代码					
$4 \leqslant \eta < 5$	1421	0424	0915	0209	1219	0205
	4041	0717	0306	0911	0106	1630
	3442	3443	2126	1123	1841	1438
	0641	1426	3031	1424	1617	0241
	1120	1215	2328	1931	0507	1518
	2427	2630	0919	1041	0541	1122
	1516	1618	1419	0525	0517	0222
	1321	0305	0208	0724	0342	1423
	2629	1422	0104	0223	1725	—
$3 \leqslant \eta < 4$	2634	0522	1629	0509	2530	0607
	0612	1727	1118	3441	0625	1921
	0103	2633	1141	2632	0719	0323
	0107	2129	0238	1726	0138	1641
	0341	0206	0614	0536	1731	1437
	0523	2242	0533	0109	2140	0508
	1626	2342	1526	1213	1218	0628
	1531	1631	1021	1529	2341	0524
	0927	3334	1241	3234	2031	0204
	1237	2124	1427	2831	0608	0722
	1018	1530	2529	4143	2932	2125
	2343	2033	4142	0833	2141	1933
	3341	0537	1826	2241	2243	2041
	1825	3033	0727	0827	1827	0933
	1117	2933	0633	—	—	—
$2 \leqslant \eta < 3$	0326	0136	0733	0325	2840	1830
	0609	1517	0518	1541	2728	2541
	0412	0436	2139	0629	0231	0225
	0337	0627	0409	3032	2741	2841
	0321	2428	2838	1014	2536	0141
	0630	0623	1831	2537	0137	1829

续表

综合关联值 取值范围（η）	功能要素组代码					
$1 \leqslant \eta < 2$	0626	0125	0108	1833	0631	0237
	0526	0221	0624	0122	0114	2837
	0737	0414	1730	2127	1633	0410
	3141	0142	3134	0405	2533	2132
	0123	3742	3538	0736	2641	1533
	0112	2737	0937	3942	1131	4042
	0431	1729	0230	3642	3037	1932
	1733	—	—	—	—	—
$\eta < 1$	0236	0407	0121	3137	2635	0741
	2836	0837	0421	0521	3743	2135
	0836	0531	0126	0335	0216	3142
	2134	2937	0331	0941	0841	0215
	0135	0226	2333	0131	0217	0218
	3643	0330	2642	2636	0621	2637
	4243	—	—	—	—	—

关联数值及其功能要素优先级整合表　　附表8

优先层级	关联属性	关联数值范围	功能要素组代号					
Ⅰ	同职能医疗功能关联	$4\leqslant\eta$	0102	0823	0822	2325	1116	2226
			2326	1216	0924	2627	1012	1121
			2430	2225	2330	2631	0709	1821
			2227	0826	0824	2324	2331	2021
			2531	0930	1016	1621	2231	2526
			1011	1721	0831	1112	1820	1317
			3233	2731	2329	2431	2229	3637
			2426	0708	2628	2223	2230	1520
			2425	1720	1521	2931	2327	2228
			2224	3940	2527	2930	0809	1718
			2629	3031	2630	1516	1518	2427
			0724	2328	1617	—	—	—
Ⅱ	同职能主辅医疗功能关联	$4\leqslant\eta$	1317	1318	1316	1320	1315	1113
			1321	—	—	—	—	—
Ⅲ	相近职能转化医疗功能关系	$5\leqslant\eta$、少量$3\leqslant\eta<5$	0923	0922	0931	1222	2130	0825
			0912	2123	0723	0715	1123	0911
			1221	0729	0921	2126	1120	1725
			0731	1230	0821	1215	1630	1730
			0812	0830	0929	2124	1825	1117
			0726	0829	0918	1629	1731	1631
			1220	0926	1224	2530	1118	2125
			0718	0506	0716	1726	1727	1218
			0622	1620	0730	2129	2031	1827
			0917	0817	1115	1626	1021	1517
			0712	1231	0915	1531	1529	2728
			0925	1223	0725	0927	2529	1829
			0816	1122	0818	1018	1826	1131
			0815	0721	1130	2831	0727	1729
			2131	2122	1226	0827	1530	2127
			0717	0916	0722	2428	1831	2737

续表

优先层级	关联属性	关联数值范围	功能要素组代号					
Ⅲ	相近职能传统医疗功能关系	3≤η<5	0106	0222	0305	0223	0306	0105
			0637	—	—	—	—	—
	转化医疗与传统医疗功能关系	η<4	0517	0525	1237	0623	0225	0325
			0507	0207	0209	1830	1014	0629
			0509	0612	0322	0231	0626	0624
			0522	0536	0103	0125	0108	0237
			0107	1526	0109	0221	0526	2837
			0523	0206	0608	0122	0737	0123
			0323	0524	0508	3037	0631	0230
			0609	0337	0537	0937	0121	0112
			0326	0518	0628	0331	0531	0837
	转化医疗与传统医疗功能关系		0321	2537	0625	0330	3137	0521
			0627	0630	0607	0218	0226	0126
			0131	0216	0215	0217	2637	2937
			0621	—	—	—	—	—
Ⅳ	医疗与非医疗功能关系	η<4	2634	2633	0933	3033	2933	2632
			2140	0533	2932	0833	0633	0238
			0138	0733	2838	3032	2139	2840
			0136	2536	1833	1633	2533	2132
			0736	1733	2134	0335	3134	1533
			0836	0135	2135	2636	2333	2635
			0236	2836	—	—	—	—
		5≤η<6	2538	2233	—	—	—	—
Ⅴ	不同职能非医疗功能关系	少量分散	3840	3839	3435	3234	3538	—

续表

优先层级	关联属性	关联数值范围	功能要素组代号					
Ⅵ	支撑型空间与其他功能空间关系	全值范围低分值段较多	0814	1920	1431	3941	1114	0304
			1214	0643	1415	1418	0714	1420
			0914	1819	3641	0514	3541	0441
			1425	3542	0437	1741	0430	0314
			1619	1430	0406	1417	0214	1519
			0642	1429	1341	0423	0422	1416
			0424	1421	4041	1426	0919	1041
			1219	1424	1423	1419	1618	0208
			3443	3442	1841	0205	1438	1422
			1931	0641	0342	0104	0241	0541
			3441	1141	2041	2242	2141	2342
			1933	0614	0341	2343	0204	4143
			2341	1241	4142	0719	2241	2243
			1213	1427	1437	3341	1921	1641
			0410	0414	0142	4042	0114	3942
			2641	3742	3141	3642	1932	0431
			0405	1119	2642	0741	3643	0841
			0407	0421	0941	4243	3142	3743

转化医学各研究模式主要环节及内容 附表9

名称	主要环节	具体内容
南希·S.宋的T1和T2转化医学模型	基础研究	制剂研发实验
		治疗方法创新
	临床研究	临床试验治疗
	人群验证	多层级护理
韦斯特福尔的3T转化医学模型	基础研究	制剂研发实验
		动物实验
	人类临床试验	多层级临床试验及护理
	实践研究反馈	
	临床实践	
多尔蒂的3T转化医学模型	基础研究	学科交叉实验
	临床疗效试验	临床试验治疗
	临床效果验证	转化护理研究
	广泛人群应用	常规护理治疗
德罗莱和洛伦齐的生物医学研究转化流程	基础科研发现	学科交叉实验
	适当的人体试验	多层级临床试验治疗
	安全的临床试验	
	医疗实践	多层级护理研究
	公共健康	常规护理治疗
哈佛4T转化医学模型	基础研究	动物实验
		综合实验
	人类组织细胞实验	人体组织细胞实验
	临床试验	多层级临床试验治疗与护理研究
	临床应用	
	人群健康	常规护理与治疗
美国塔夫茨大学的4T转化医学模型	基础研究	制剂研发
	少数病人的病例研究	Ⅰ、Ⅱ期临床试验
	大量病人的观察性研究	Ⅲ、Ⅳ期临床试验
	广泛人群的应用及反馈	常规护理治疗
	社会医疗	医院
库利的4T转化医学模型	基础研究	多学科交叉实验
	少数病人参与	多层级临床试验治疗和护理研究
	大量病人参与	
	广泛人群参与	常规护理治疗

名称	主要环节	具体内容
库利的4T转化医学模型	健康评价	成果传播推广
布伦伯格的4T+转化医学模型	科学研究	动物实验
		多学科实验
	新成果概念验证	Ⅰ期临床试验
	有效性的临床验证	Ⅱ、Ⅲ期临床试验
	适用性的临床验证	Ⅳ期临床试验
	成果常规应用	常规护理治疗
	社会健康	医院

参考文献

［1］ 中华人民共和国国家统计局. 中国统计年鉴 2017［M］. 北京：中国统计出版社，2017.

［2］ 周来新. 转化医学科研组织模式构建的研究［D］. 重庆：第三军医大学，2012.

［3］ MCKINNEY G R，STAVELY H E. From bench to bedside: the biologist in drug development［J］. BioScience，1966（10），16: 683–687.

［4］ 肖飞. 转化医学是实现精准医学的必由之路：思考精准医学、循证医学及转化医学之间的协同关系［J］. 转化医学杂志，2015，4（5）：257–260.

［5］ 徐懿萍，徐勤毅，赵列宾，等. 基于转化医学模式的医院学科发展策略［J］. 中国医院，2013，17（1）：20–22.

［6］ 李鲁. 社会医学［M］. 北京：人民卫生出版社，2006.

［7］ ZERHOUNI E. The NIH roadmap［J］. Science，2003，302（5642）：63–64，72.

［8］ 焦飞，王娟，马颖，等. 大数据时代背景下的医学思考：转化医学新趋势前瞻［J］. 医学与哲学（A），2014，35（11）：1–3.

［9］ 肖勇. 中医药信息化建设"十二五"规划研究［D］. 武汉：湖北中医药大学，2012.

［10］ WANG X，WANG E，MARINCOLA F M. Translational medicine is developing in China: a new venue for collaboration［J］. Journal of translational medicine，2011，9: 3.

［11］ 刘小荣，张笠，王勇平，等. 转化医学在国内外的发展现状［J］. 国际检验医学杂志，2011（18）：2093–2096.

［12］ 姚亮，汪泽皓，季凯，等. 2003—2013 年国内外转化医学文献的对比分析［J］. 转化医学杂志，2015，4（1）：11–15.

［13］ 朱庆平，钱万强，江海燕. 从文献计量分析看转化医学总体发展趋势［J］. 中国科学基金，2013，27（4）：205–209.

［14］ 赵颖颖，张晗，赵玉虹．基于共词分析的国外转化医学研究热点［J］．医学信息学杂志，2015，36（2）：51-55.

［15］ 王敏，刘妮波，张燕舞，等．从文献分析角度聚焦国际转化医学研究发展及现状［J］．基础医学与临床，2011，31（10）：1168-1175.

［16］ WADMAN M. Harvard turns to matchmaking to speed translational research［J］. Nature medicine，2008，14（7）：697-697.

［17］ 董尔丹，胡海，洪微．浅析转化医学与医学实践［J］．科学通报，2013，58（1）：53-62.

［18］ PIENTA K J，SCHESKE J，SPORK A L. The Clinical and Translational Science Awards（CTSAs）are transforming the way academic medical institutions approach translational research: the University of Michigan experience［J］. Glinical and Translationgal Science，2014，4（4）：233-235

［19］ ALLEN D，RIPLEY E，COE A，et al. Reorganizing the General Clinical Research Center to improve the clinical and translational research enterprise［J］. Evaluation & the health professions，2013，36（4）：492-504.

［20］ PEI L D，ZHANG S S. Designing the building functional system of future-oriented translational medical centers［C］. 4th Annual International Conference on Architecture and Civil Engineering，Lobal Science & Technology Forun（GSTF），2016：54-62.

［21］ 白晓霞，张姗姗．面向未来的转化医学中心设计研究：以佛罗里达医院转化医学中心为例［J］．建筑学报，2015（7）：109-112.

［22］ 张远平，贺晓露，官东，等．医疗工艺设计与医疗策划：以四川大学华西医院转化医学综合楼为例［J］．中国医院建筑与装备，2016（9）：42-44.

［23］ 丁文彬，王艳，钱莉莹．上海交通大学医学院转化医学中心建设的实践与探索［J］．中国医学创新，2013（28）：141-143.

［24］ SUNG N S，CROWLEY W F，GENEL M，et al. Central challenges facing the national clinical research enterprise［J］. JAMA: the journal of American Medical Association，2003，289（10）：1278-1287.

［25］ LESHNER A I，TERRY S F，SCHULTZ A M. 转化医学的研究与探索［M］. 时占祥，译．北京：科学出版社，2014.

［26］ WESTFALL J M，MOLD J，FAGNAN L. Practice-based research-"Blue Highways" on the NIH roadmap［J］. JAMA: the journal of American Medical Association，2007，297（4）：403-406.

［27］ KHOURY M J, GWINN M, YOON P W, et al. The continuum of translation research in genomic medicine: how can we accelerate the appropriate integration of human genome discoveries into health care and disease prevention? ［J］. Genetics in Medicine Official Journal of the American College of Medical Genetics, 2007, 9（10）: 665.

［28］ DOUGHERTY D, CONWAY P H. The "3T's" road map to transform US health care: the "how" of high-quality care ［J］. JAMA: the journal of the American Medical Association, 2008, 299（19）: 2319.

［29］ KRONTIRIS T G, RUBENSON D. Matchmaking, metrics and money: a pathway to progress in translational research ［J］. Bioessays, 2008, 30（10）: 1025-9.

［30］ DROLET B C, LORENZI N M. Translational research: understanding the continuum from bench to bedside［J］. Translational research, 2011, 157（1）: 1-5.

［31］ 蒋学武. 哈佛大学医学院转化医学实践的启示 ［J］. 中华医学杂志, 2010 （22）: 1519-1521.

［32］ BLUMBERG R S, DITTEL B, HAFLER D, et al. Unraveling the autoimmune translational research process layer by layer［J］. Nature medicine, 2012, 18 （1）: 35.

［33］ 张鹏, 秦岭, 成文翔, 等. 关于转化医学重大基础设施建设的思考 ［J］. 转化医学研究（电子版）, 2013, 3（3）: 28-38.

［34］ 杜志杰. H+医疗健康建筑设计服务体系的探索 ［J］. 中国医院建筑与装备, 2016（3）: 66-69.

［35］ 张士靖, 秦方, 姚强, 等. 国内外转化医学研究机构的特色分析 ［J］. 华中科技大学学报（医学版）, 2012, 41（3）: 324-328.

［36］ 方福德, 程书钧, 田玲. 建设研究型医院促进转化医学发展 ［J］. 中国卫生政策研究, 2009, 2（7）: 16-19.

［37］ 崔长钉, 颜琬华. 试论转化医学在护理学发展中的应用 ［J］. 护理学杂志, 2014, 29（7）: 86-88.

［38］ 孙集宽, 洪夏飞, 范俊平. 通过国际合作探索中国特色转化医学之路 ［J］. 转化医学杂志, 2013, 2（3）: 129-132.

［39］ 杨镇. 如何开展外科临床研究: 转化医学在外科临床中的应用 ［J］. 中国实用外科杂志, 2009, 29（1）: 5-7.

［40］ 方莲花, 杜冠华. 药理学是转化医学研究的重要领域 ［J］. 转化医学研究（电子版）, 2014, 4（1）: 1-20.

［41］栗美娜，刘嘉祯，张鹭鹭，等 . 转化医学的发展困境及模式探讨［J］. 中国医院管理，2014，34（10）：63-64.

［42］徐婉珍，孙芳芳，苏京平，等 . 以转化医学思想指导医院学科建设［J］. 中国医院管理，2010，30（1）：46-47.

［43］钟南山 . 中国临床医生转化医学实践之路［J］. 中国实用内科杂志，2012，32（7）：481-483.

［44］桂永浩 . 转化医学：用多学科交叉策略推动医学发展［J］. 复旦教育论坛，2007（6）：86-87，91.

［45］孙亚林，邢茂迎，杨美华，等 . 转化医学的实施路径及相关因素分析［J］. 中国医院，2013，17（7）：1-3.

［46］黄红铃，叶文琴，曾友燕，等 . 转化医学概述及其在护理领域的研究与思考［J］. 护理学报，2013，20（21）：24-27.

［47］黄芳 . 转化医学研究领域的研究前沿与演化路径分析［J］. 首都医科大学学报，2012，33（4）：101-107.

［48］郑西川，孙宇，王炯，等 . 医学信息学与转化医学的融合与发展［J］. 医学信息学杂志，2013，34（9）：47-50.

［49］黎爱军，孙亚林，程庆保，等 . 转化医学与研究型医院［J］. 中国医院，2013，17（7）：10-12.

［50］陆怡 . 转化医学与生物样本库现状［J］. 生命的化学，2012，32（3）：287-293.

［51］唐汉庆，黄照权 . 转化医学指导下研究型医院建设的探讨［J］. 中国医院管理，2012，32（10）：7-8.

［52］RUBIO D M, SCHOENBAUM E E, LEE L S, et al. Defining translational research: implications for training［J］. Academic medicine, 2010, 85（3）: 470-475.

［53］LEHMANN C U, ALTUWAIJRI M M, LI Y C, et al. Translational research in medical informatics or from theory to practice［J］. Methods of information in medicine, 2008, 47（1）: 123.

［54］JEMAL A, SIEGEL R, WARD E, et al. Cancer statistics［J］. CA: a cancer journal for clinicians, 2007, 57: 43-66.

［55］BUTLER D. Translational research: crossing the valley of death［J］. Nature, 2008, 453（7197）: 840-2.

［56］POZEN R, KLINE H. Defining success for translational research organization［J］ Science translational medicine, 2011, 3（94）: 94.

［57］EDRTARIAL. Phagocytes and the"bench-bedside interface"［J］. New England journal of medicine，1968，278：1014-1016.

［58］WOLF S. The real gap between bench and bedside［J］. New England journal of medicine，1974，290：802-803.

［59］MERZ B. Nobelists take genetics from bench to bedside［J］. JAMA the journal of the American Medical Association，1985，254：3161.

［60］BROWMAN G P，LEVINE M N，ROBERTS R S. Bench-to-bedside research and the human tumor stem-cell assay: bridging the credibility gap［J］. Journal of clinical oncology，1986，4：1730-1731.

［61］MINNA J D，GAZDAR A F. Translational research comes of age［J］. Nature medicine，1996，2：974-975.

［62］RUSTGI A K. Translational research: what is it?［J］. Gastroenterology，1999，116：1285.

［63］ZERHOUNI E A. Translational and clinical science: time for a new vision［J］. New England journal of medicine，2005，353：1621-1623.

［64］ZERHOUNI E A，ALVING B. Clinical and Translational Science Awards：a framework for a national research agenda［J］. Translational research，2006，148：4-5.

［65］ZERHOUNI E A. Translational research: moving discovery to practice［J］. Clin Pharmacol Ther，2007，81：126-128.

［66］LITTMAN B H，MARIO L D，PLEBANI M. What's next in translational medicine?［J］. Clinical science，2007，112：217-227.

［67］WOOLF S H. The meaning of translational research and why it matters［J］. JAMA: the journal of the American Medical Association，2008，299：211-213.

［68］POBER J S，NEUHAUSER C S，POBER J M. Obstacles facing translational research in academic medical centers［J］. FASEB journal，2001,15（13）：2303-13.

［69］LUO A R，ZHENG K，BHAVNANI S，et al. Institutional infrastructure to support translational research［C］. Sixth International Conference on e-Science，Brisbane，2010：49-56.

［70］SABROE I，DOCKRELL D H，VOGEL S N，et al. Identifying and hurdling obstacles to translational research［J］. Nat Rev Immunol. 2007，7（1）：77-82.

［71］ KAHN K，RYAN G，BECKETT M，et al. Bridging the gap between basic science and clinical practice: a role for community clinicians［J］. Implement science，2011，6: 34.

［72］ FONTANAROSA P B，DEANGELIS C D. Basic science and translational research in JAMA［J］. JAMA，2002，287（13）: 1728.

［73］ NIELSEN P. Hospital architecture［J］. Health environments research & design journal，2013，6（4）: 173.

［74］ PORTER D R. Hospital architecture: guidelines for design and renovation［M］. Washington D.C.: Health Administration Press，1982.

［75］ MILLER R L，SWENSSON E S. New directions in hospital and healthcare facility design［M］. New York: McGraw–Hill，1995.

［76］ FOLMER M B，MULLINS M，FRANDSEN A K. Healing architecture［C］. ARCH12 Conference, Gotebory，2012.

［77］ JONATHAN T C，JONATHAN Y R. Design of biomedical laboratory facilities ［M］. Washington D.C.: American Society for Microbiology，2006.

［78］ 贾登辉. 现代大型综合医院门诊部医学模式与建筑设计研究［D］. 成都: 西南交通大学，2008.

［79］ 张小飞. 大型综合医院护理单元环境舒适性研究［D］. 西安: 长安大学，2013.

［80］ 孙黎明. 医疗联盟模式下医院建筑设计研究［D］. 哈尔滨: 哈尔滨工业大学，2013.

［81］ 欧阳舒眉. 现代"健康城"规划设计研究［D］. 湘潭: 湖南科技大学，2014.

［82］ 海燕. 美国医院建筑设计新趋势［J］. 中国医院建筑与装备，2015（9）: 30–32.

［83］ 费跃，朱建. 当代医疗建筑发展趋势探析: 复杂化、综合化、多样化的发展历程［J］. 江苏建筑，2013（b12）: 1–3.

［84］ 刘静珊. 现代综合医院动物实验中心建筑设计研究［D］. 西安: 西安建筑科技大学，2014.

［85］ 白晓霞，张姗姗. 美国医院建筑精益设计研究［J］. 新建筑，2017（5）: 58–61.

［86］ 方韶丹. 现代化医院建筑设计探析: 厦门妇幼保健院门诊综合大楼设计实践［J］. 福建建筑，2013（8）: 100–103.

［87］朱万友．浅析军队医院医疗区规划设计要点：以202医院为例［J］．中国建设信息，2013（15）：66，68．

［88］裘德骅．浅析医院建筑设计和建设的影响因素［J］．城市建筑，2013（6）：32．

［89］陈英．传承与转换：301医院东区改扩建工程［J］．建筑知识，2013，33（3）：33-35．

［90］沈晋明，俞卫刚．国外医院建设标准发展对我国医院手术部建设的启发与思考［J］．中国医院建筑与装备，2013，14（2）：62-66．

［91］王雪松，胡翀．精神专科医院工娱疗室优化布局初探［J］．西部人居环境学刊，2013（6）：24-27．

［92］林明路．高效与人性化：从约翰梅尔医院急诊部看美国急诊部设计［J］．中国医院建筑与装备，2014（10）：76-80．

［93］李维东，谷郁．医院复合型过渡空间的设计与实施［J］．中国医院建筑与装备，2014（11）：37-41．

［94］徐知兰．萨拉姆心脏外科手术中心，喀土穆，苏丹［J］．世界建筑，2013（11）：24-31，135．

［95］周恒瑾．手术室术中磁共振系统设计与建设浅述［J］．中国医院建筑与装备，2013，14（12）：82-84．

［96］王国栋．医护空间设计现状及改善建议［J］．中国医院建筑与装备，2013，14（12）：25-29．

［97］张彦国，党宇．医院特殊功能用房设计要点［J］．暖通空调，2017，47（9）：86-91．

［98］覃玲．医院住院部建筑功能设计与流线组织研究：以广州市中医院住院楼为例［J］．工程建设与设计，2017（15）：32-34．

［99］员安阳，吕品，李立荣．北京大学国际医院放射科规划设计解析［J］．中国医院建筑与装备，2017，18（7）：35-38．

［100］杜建军，韩庆元，李战胜，等．大型综合性民营医院医学影像科硬件建设：以郑州市第十六人民医院医学影像科为例［J］．中国医院建筑与装备，2017，18（7）：39-41．

［101］林振展．复合型医疗理念对综合医院建筑设计思路影响分析［J］．河南建材，2017（3）：243，246．

［102］刘鲁．薛铁军医疗建筑设计就是一场"探险"［J］．中国医院建筑与装备，2017，18（6）：47-49．

［103］吴宇强．浅谈现代综合医院建筑设计中的复杂性与矛盾性：以孝昌县第一人民医院外科及门诊楼为例［J］．华中建筑，2017，35（5）：37-41．

［104］潘开庆，赵洋．以患者为中心的现代化国际医院：上海德达医院设计和建设过程［J］．中国医院建筑与装备，2017，18（3）：76-78．

［105］鲍建勇，张立娟，王晓倩．新型现代医疗建筑设计探讨［J］．工程建设与设计，2017（5）：40-46．

［106］张姗姗，蒋伊琳．基于"双重效率观"的医院建筑发展模式研究［J］．城市建筑，2017（7）：117-119．

［107］金晨晨．医疗工艺设计与医院建设项目前期策划［J］．工程建设与设计，2016（17）：25-28．

［108］高建成，苏元颖．现代康复医院建设模式探讨［J］．中国医院建筑与装备，2016（11）：56-60．

［109］陈泳全．关于大型医院建筑策划的思考［J］．华中建筑，2016，34（11）：5-8．

［110］CLARKE P．南澳卫生医疗研究中心［J］．城市环境设计，2016（5）：430-433．

［111］张姣，杨志明，孟醒．连续护理概念对医疗建筑设计的影响：以新加坡医疗体系中的应用为例［J］．建筑技艺，2016（10）：90-93．

［112］王海燕，吕志新，张远平．医疗工艺设计·灼见［J］．中国医院建筑与装备，2016（9）：22．

［113］王丽华，矶山优，周颖．日本医疗工艺设计的解读［J］．中国医院建筑与装备，2016（9）：26-27．

［114］阮骏逸．台湾医疗建筑与医疗工艺发展现状［J］．中国医院建筑与装备，2016（9）：31-32．

［115］张远平，蔡琳玲，李欣原，等．以医疗工艺为基础的综合技术平台的设计控制：四川大学华西第二医院锦江院区项目的设计实践［J］．中国医院建筑与装备，2016（9）：57-62．

［116］徐更．精细创造高效"新医疗体制"下三级综合医院交通组织的探索［J］．时代建筑，2016（4）：178-181．

［117］郝晓赛．医疗建筑设计方案如何理性择优：英国医疗建筑设计质量评价工具引介与启示［J］．城市建筑，2016（19）：30-35．

［118］陈傲雪，王涵，周博．新型就医模式下医院建筑计划研究［J］．中外建筑，2016（7）：65-67．

［119］中国医院建筑与装备编辑部．大专科转型小综合"生长"记：东方肝胆外科医院新院区建设［J］．中国医院建筑与装备，2016（6）：24-38.

［120］王健，程超．合理重组原有功能单元：暨南大学附属第一医院综合楼项目经验总结［J］．中国医院建筑与装备，2016（6）：48-50.

［121］凸显生命的力量：澳大利亚克里斯·奥布莱恩生命之家建筑特色［J］．中国医院建筑与装备，2016（3）：57-60.

［122］郭丽莉．浅谈现代医院建筑与医疗环境设计［J］．甘肃科技，2016，32（4）：107-108，101.

［123］刘建军．医疗工艺设计与运营管理［J］．中国医院建筑与装备，2016（2）：48-51.

［124］美国辛辛那提儿童医院医疗中心癌症和血液疾病研究所改扩建工程［J］．中国医院建筑与装备，2016（2）：60-64.

［125］曹胜昔，杨丽娜，栗树凯，等．超大型综合医院设计模式浅析：以河北医科大学第二医院正定新区医院设计为例［J］．建筑技艺，2016（1）：120-122.

［126］胡仁茂，陈剑端．解析与重构　医院街模式大型综合医院的设计再议［J］．时代建筑，2015（6）：146-149.

［127］龟田省吾，周有芒．日本高端医疗机构建设：龟田医院服务特色与设计手法［J］．中国医院建筑与装备，2015（11）：38-39.

［128］调恒治．日本肿瘤中心的设计：以南东北医院集团核心设施设计为例［J］．中国医院建筑与装备，2015（11）：42-44.

［129］高松，卢艳来．安徽中医院国家中医临床研究基地建设大楼［J］．安徽建筑，2015，22（5）：3.

［130］陈海勇，谭西平，罗鸿宇．华西医院康复医学中心规划设计实践［J］．中国医院建筑与装备，2015（10）：66-69.

［131］耿雪峰．浅谈医院信息中心机房建设［J］．中国医院建筑与装备，2015（10）：88-90.

［132］伦施．德国医院建筑设计的9个关键词［J］．中国医院建筑与装备，2015（9）：33-35.

［133］黄琼，张颀．医院建筑开放体系及其涵容量研究［J］．新建筑，2015（4）：55-59.

［134］邱茂新，魏建军，苏元颖，等．"医院建筑设计创新与效率研究"主题沙龙［J］．城市建筑，2015（19）：6-14.

［135］覃宣，苏元颖．医院建设新趋势及医疗健康城模式探索［J］．城市建筑，2015（19）：28-30．

［136］任鹏远．医院住院部建筑精细化设计初探［J］．居业，2015（10）：52，54．

［137］吕志新．陈亮：体验式设计不可少［J］．中国医院建筑与装备，2015（5）：46-49．

［138］RTKL．崇尚自然　让建筑焕发新生：美国堪萨斯大学附属医院癌症中心和医疗站改建工程［J］．中国医院建筑与装备，2015（5）：64-66．

［139］李国欣．浅谈综合医院医技检查科室的流程与空间设计［J］．中国医院建筑与装备，2015（5）：79-81．

［140］马吉癌症康复中心［J］．世界建筑导报，2015，30（2）：88-91．

［141］赵强，崔磊．医疗流程的再塑造：山西省肿瘤医院放疗医技综合楼设计［J］．建筑技艺，2015（3）：121-123．

［142］李辉．肿瘤医院的循证设计思路［J］．中国医院建筑与装备，2015（3）：27-30．

［143］夏立群，王刘将．大型肿瘤医院规划设计探析：以湖北省肿瘤医院规划设计方案为例［J］．中国医院建筑与装备，2015（3）：35-38．

［144］张亦敏，杨曙光．辽宁省肿瘤医院门诊病房综合楼规划设计［J］．中国医院建筑与装备，2015（3）：39-42．

［145］游超．山东省肿瘤医院门诊医技综合楼设计及近远期总体规划［J］．中国医院建筑与装备，2015（3）：43-45．

［146］B+H Architects．加拿大万锦市多福医院改扩建工程［J］．中国医院建筑与装备，2015（3）：70-72．

［147］黄毅博．浅谈现代医院综合病房楼的建筑设计［J］．建筑设计管理，2015，32（2）：53-54，62．

［148］徐艳桦，钱晔，李苗．基于流线衔接的医院改扩建设计：以无锡市惠山区人民医院二期扩建为例［J］．工程建设与设计，2015（2）：51-53，58．

［149］贾敬龙，夏宝，孙菲．综合病房楼双护理单元设计特点剖析：以深圳大学学府医院新建工程为例［J］．中国医院建筑与装备，2015（1）：76-78．

［150］秦淼，周颖．大型综合医院的分院建设模式研究［J］．建筑学报，2014（12）：66-69．

［151］王蕾．枢纽建筑的流线组织方式对医疗建筑的启发［J］．建筑技艺，2014（12）：54-57．

［152］Nickl & Partner Architekten. 治愈建筑改造：法兰克福歌德大学医院［J］. 建筑技艺，2014（12）：66-73.

［153］钱宁亚，孙楠. 多种医疗功能的集成设计：以山东烟台芝罘区南部新城医院为例［J］. 中国医院建筑与装备，2014（12）：78-80.

［154］杨一石，DAILE C，Hell Studios. 医院的"新墙"［J］. 建筑知识，2014，34（11）：14-17.

［155］魏思科，柴熙婷. 院前过渡空间在未来医院设计中的角色［J］. 中国医院建筑与装备，2014（11）：29-32.

［156］李维东，谷郁. 医院复合型过渡空间的设计与实施［J］. 中国医院建筑与装备，2014（11）：37-41.

［157］王晶. 谈某医院核医学病房楼的设计［J］. 山西建筑，2014，40（31）：38-39.

［158］李健，张思兵，臧传波，等. 从用户体验角度设计和建设医院［J］. 解放军医院管理杂志，2014，21（10）：940-941.

［159］李荣华，康海荣. 浅谈医疗设备用房的施工建设［J］. 中国医院建筑与装备，2014（10）：97-98.

［160］郝晓赛. 从"Best Buy"到"Nucleus"医院模式：英国经济型医院建筑设计演进与启示［J］. 城市建筑，2014（22）：11-15.

［161］格伦，罗璇. 基于循证设计理念的护理单元设计研究［J］. 城市建筑，2014（22）：25-27.

［162］成卓. 新建综合医院住院部分期发展的空间模式及设计策略研究［J］. 城市建筑，2014（22）：32-34.

［163］宋祎琳，朱雪梅，谢普利. 美国新生儿重症监护室设计思路变迁：问卷调研及设计思考［J］. 城市建筑，2014（22）：38-40.

［164］李婕. 从功能单元设计谈我国现代医院建筑的弹性设计［J］. 建设科技，2014（15）：98-99.

［165］赵奇侠，宁占国，张东光，等. 医院职工食堂和营养部建设体会［J］. 中国医院建筑与装备，2014（5）：96-98.

［166］崔侦福，祝紫燕. PET-CT及回旋加速器设备用房建筑设计初探［J］. 华中建筑，2014，32（5）：66-68.

［167］杨帆，吴燕."流程组合法"用于医院建筑设计的探讨［J］. 中外建筑，2014（5）：94-96.

［168］邓聚龙. 灰色系统综述［J］. 世界科学，1983（7）：1-5.

［169］邓聚龙.灰理论基础［M］.武汉：华中科技大学出版社，2002.

［170］肖新平，宋中民，李峰.灰技术基础及其应用［M］.北京：科学出版社，2005.

［171］刘思峰.灰色系统理论及其应用［M］.北京：科学出版社，2014.

［172］王学萌.灰色系统方法简明教程［M］.成都：成都科技大学出版社，1993.

［173］郑军伟.基于灰色系统理论的数据关联度建模及其应用［D］.杭州：杭州电子科技大学，2011.

［174］赵吉芳.灰色系统理论的哲学思想［J］.中国石油大学学报（社会科学版），2002，18（5）：80-82.

［175］寇进忠，王庆陶.论灰色系统理论中的系统辩证思想［J］.系统科学学报，1999（3）：87-89.

［176］孙玉刚.灰色关联分析及其应用的研究［D］.南京：南京航空航天大学，2007.

［177］曹明霞.灰色关联分析模型及其应用的研究［D］.南京：南京航空航天大学，2007.

［178］刘思峰，蔡华，杨英杰，等.灰色关联分析模型研究进展［J］.系统工程理论与实践，2013，33（8）：2041-2046.

［179］肖新平.关于灰色关联度量化模型的理论研究和评论［J］.系统工程理论与实践，1997，17（8）：77-82.

［180］孙才志，宋彦涛.关于灰色关联度的理论探讨［J］.世界地质，2000，19（3）：248-252.

［181］朱赤晖.基于灰色系统理论的室内空气品质的评价及应用研究［D］.长沙：湖南大学，2002.

［182］孙晓东.基于灰色关联分析的几种决策方法及其应用［D］.青岛：青岛大学，2006.

［183］陈勇明.基于统计视角的灰色系统的几个基本问题研究［D］.成都：西南财经大学，2008.

［184］刘锋，贾多杰，李晓礼，等.无量纲化的方法［J］.安顺学院学报，2008，10（3）：78-80.

［185］李炳军，朱春阳，周杰.原始数据无量纲化处理对灰色关联序的影响［J］.河南农业大学学报，2002，36（2）：199-202.

［186］李伟伟，易平涛，李玲玉.综合评价中异常值的识别及无量纲化处理

方法［J］. 运筹与管理，2018，27（4）：173-178.

［187］吕锋. 灰色系统关联度之分辨系数的研究［J］. 系统工程理论与实践，1997，17（6）：50-55.

［188］申卯兴，薛西锋，张小水. 灰色关联分析中分辨系数的选取［J］. 空军工程大学学报（自然科学版），2003，4（1）：68-70.

［189］范凯，吴皓莹. 灰色系统关联度中一种新的分辨系数确定方法［J］. 武汉理工大学学报，2002，24（7）：86-88.

［190］宋海朋. 基于灰色关联分析的城市紧凑度评价研究［D］. 成都：四川农业大学，2011.

［191］张伟. 基于季节灰色预测理论的公共建筑节能领域能耗监测研究［D］. 天津：河北工业大学，2011.

［192］刘金英. 灰色预测理论与评价方法在水环境中的应用研究［D］. 长春：吉林大学，2004.

［193］魏海宁，周伟灿，刘佳音. 灰色关联度方法在灾害性天气评估中的应用研究［J］. 安徽农业科学，2011，39（2）：976-977，980.

［194］王大为. 基于灰色关联理想解的旧工业建筑改造模式比选研究［D］. 西安：西安建筑科技大学，2014.

［195］周治年，彭长华，肖秀林，等. 量表信度评估的快速实现方法［J］. 中国医院统计，2016，23（4）：258-262.

［196］李斌. 评分者信度及其影响因素结构研究［D］. 北京：北京师范大学，2011.

［197］张敏强，黄庆均，焦璨. 非正态分布测量数据对克伦巴赫信度 α 系数的影响［C］. 全国教育与心理统计与测量学术年会暨海峡两岸心理与教育测验学术研讨会，2008.

［198］徐勇勇，张音. 统计数据准确性的度量：信度与效度［C］. 中国医药信息学大会，1997.

［199］李红梅. 基于因子分析的定性数据效度质量评价［J］. 中国科技纵横，2011（2）：241-243.

后　记

　　纵观近十多年来我国国民经济和社会发展五年规划纲要，国家一直在推进医疗卫生体制改革。其中，"十二五"规划中提出以转化医学为核心，大力提升医学科技水平，明确了转化医学在医疗卫生事业中的重要地位。"十三五"规划中提出聚焦国家战略和民生改善需求，在精准医疗等重点领域启动一系列重大科技项目，将转化医学模式下的"个性化治疗"理念——精准医疗，作为重点发展领域进行强调。"十四五"规划建议中提出"全面推进健康中国建设"，亦是针对人类疾病的多样化、多致病因素的趋势做出的回应，而转化医学则正是解决此问题的重要手段之一。转化医学模式在"个性化治疗"以及药物研发效率方面，有独特优势与发展前景。因此，开展转化医学中心建筑设计理论研究，指导高质量转化医学中心建设，进而促进转化医学模式健康发展，符合我国医疗卫生发展的宏观政策。

　　转化医学中心建筑设计同时具有理论性和实践性。本书编写团队长期工作在医疗健康建筑与环境设计工作一线，能够敏锐地发现国内外相关研究的进展，同时也在医疗建筑设计实践中积极地纳入理论研究成果，促进了理论与实践深度结合。相关内容的阐述能够反映转化医学中心建筑设计的新知识、新技术与新方法；典型案例的介入作为设计理论研究的佐证，提升了本书的可读性。本书适合建筑设计专业在校学生、医疗建筑设计师以及医院建设与管理者阅读，在当前转化医学中心建筑设计理论研究与实践尚处于摸索阶段的情况下，可作为相关专业高校、设计单位和医疗单位的参考用书。